城市化战略环境评价方法与实践

赵 妍 窦志宇 徐 蕾 徐 佳 著

国 防 工 業 出 版 社

·北京·

图书在版编目（CIP）数据

城市化战略环境评价方法与实践/赵妍等著. —北京：国防工业出版社，2013.10

ISBN 978-7-118-09009-3

Ⅰ. ①城…　Ⅱ. ①赵…　Ⅲ. ①城市环境—战略环境评价—研究　Ⅳ. ①X820.3

中国版本图书馆 CIP 数据核字（2013）第 236750 号

※

国防工业出版社出版发行

（北京市海淀区紫竹院南路 23 号　邮政编码 100048）

国防工业出版社印刷厂印刷

新华书店经售

*

开本 880×1230　1/32　印张 6½　字数 203 千字

2013 年 10 月第 1 版第 1 次印刷　印数 1—2000 册　定价 58.00 元

国防书店：（010）88540777　　发行邮购：（010）88540776

发行传真：（010）88540755　　发行业务：（010）88540717

前　言

城市是人与自然、人与人交互作用最强烈的地域，它是各种利益关系变动最频繁、各种经济社会矛盾和生态环境问题最集中的地区。据有关专家预测，中国21世纪将进入城市化水平更高的“城市世纪”，城市化增长速度可以达到每年增加0.8～1.0个百分点。城市化过程中面临着很多挑战，如城市人口迁移、城市资源、能源、生态环境、城市规划、城市信息化等，这些问题正在逐步对城市可持续发展产生强烈的制约作用。政策、规划和计划所产生的影响具有宏观性、累积性、长期潜在性等特点，必须把环境影响评价的重点转移到环境影响的决策“源头”。针对城市化进程出现的问题，进行回顾型——预测型城市化战略环境评价研究，是实施可持续发展的具体体现，是一项具有前瞻性、开拓性和综合性的系统工程，对实现城市复杂系统经济、社会、生态环境协调发展具有重要的指导意义。

2002年10月28日，第九届全国人民代表大会常务委员会第30次会议通过了《中华人民共和国环境影响评价法》，并于2003年9月1日起施行。在第2章规划的环境影响评价中指出：国务院有关部门、设区的市级以上地方人民政府及其有关部门，对其组织编制的土地利用的有关规划；区域、流域、海域的建设、开发利用规划和10个专项规划，应当在规划编制过程中组织进行环境影响评价，即战略环境评价。战略环境评价（Strategic Environmental Assessment, SEA）是环境影响评价在战略层次上（政策、计划、规划）的应用，它是对一项战略，具体包括政策、计划、规划以及战略替代方案的环境影响进行正式、系统和综合的评价过程。战略环境评价是实现城市可持续发展的关键环节，是保证城市化进程中建设规划有效实施的补充和完善，有利于更好地建立环境与发展综合决策机制。

国内外在战略环境评价理论、技术方法和实例研究方面正日益深入，对城市化战略环境评价进行的研究多集中在城市规划SEA层次，探讨促进城市可持续发展的途径。评价过程中将战略环境评价方法与系统学、最优规划方法、生态学方法、环境经济学方法、地理信息系统（GIS）技术等有机结合。但缺少深入城市复合系统及其各个子系统，探索城市生态特征和演变规律，对城市化进程中战略影响进行评价的研究。因此，本书将战略环境评价技术方法与研究复杂城市系统方法进行综合集成，建立城市化战略环境评价综合集成技术系统。并将城市看作完整的有机"生命体"，深入城市系统研究城市"病"系统特征、系统识别和生态调控，以新的视点建立城市化战略环境评价体系，对城市系统进行多级评价与预测。并以长春市为例，从城市尺度对其可持续发展能力、生态工业、土地利用和交通系统发展战略进行环境评价实证研究，促进城市复合系统的可持续发展。

本书主要内容包括：第1章绪论；第2章城市化战略环境评价的理论基础和技术方法；第3章城市化战略环境评价综合集成技术系统；第4章城市化进程战略环境总体评价；第5章城市工业生态系统发展战略环境评价；第6章城市空间扩展与土地利用战略环境评价；第7章城市交通发展战略环境评价；第8章结论与展望。

衷心感谢东北师范大学尚金城教授对本书研究内容的指导。如果我们的工作能够为推动战略环境评价在我国的发展尽一点微薄之力，将感到莫大的欣慰。

由于战略环境评价研究领域涉及因素广、有待解决的问题多，作者水平有限，书中难免有疏漏、不足之处，敬请读者及有关人士批评指正。

作　者

2013年6月

目　录

第1章 绪 论

本章介绍了城市化战略环境评价的研究背景及意义，论述了开展城市化战略环境评价的必要性；对战略环境评价、城市化的国内外研究与实践进展进行了归纳和总结，并针对我国城市化进程中产生的问题对开展城市化战略环境评价研究现状做了评价和分析，对其未来发展趋势进行展望，提出了城市化战略环境评价的研究内容及框架，为理论和方法的研究打下良好的基础。

1.1 城市化战略环境评价研究背景及意义

1.1.1 研究背景

1）环境影响评价法的颁布实施

2002年10月28日，第九届全国人民代表大会常务委员会第30次会议通过了《中华人民共和国环境影响评价法》，并于2003年9月1日起施行。该法第二章对规划的环境影响评价进行了明确的规定，其中第七条规定：国务院有关部门、设区的市级以上地方人民政府及其有关部门，对其组织编制的土地利用的有关规划，区域、流域、海域的建设、开发利用规划，应当在规划编制过程中组织进行环境影响评价，编写该规划有关环境影响的篇章或者说明；第八条规定：国务院有关部门、设区的市级以上地方人民政府及其有关部门，对其组织编制的工业、农业、畜牧业、林业、能源、水利、交通、城市建设、旅游、自然资源开发的有关专项规划，应当在该专项规划草案上报审批前，组织进行环境影响评价，并向审批该专项规划的机关提出环境影响报告书。这部法律力求从决策的源头防止环境污染和生态破坏，从项目评价进入到战略评价，标志着我国环境与资源立法步入一个新的阶段（曲格平，2002）。

2）开展城市化战略环境评价的迫切性

城市化是人类社会发展的必然趋势和经济技术进步的必然产物，它是一个国家或地区实现工业化、现代化不可逾越的历史阶段。改革开放以来，中国已经并正在经历快速的城市化过程，从 1977 年到 2002 年的城市化速度，是世界同期平均速度的 2 倍。2002 年中国的城镇人口已经达到 3.89 亿，城市化水平为 30.9%，设城市 668 个，建制镇 19000 多个。改革开放以后以及国家出台的一系列政策影响等各种因素综合作用下，城市化和工业化差距有缩小趋势，但总的来说城市化水平落后于工业化水平。一般研究认为：城市化率与工业化率之间的合理比例范围是 1.4～2.5∶1。20 多年来，我国的这一比例为 0.6～0.72∶1。此外，我国城市化水平与非农产业就业人口比例差距不断加大，即使进入经济平衡发展的 20 世纪 90 年代，这种差距仍保持较大程度。与中国工业化和整个国民经济的发展水平相比，中国城市化仍然滞后（何春阳等，2002)。“十五”计划把“积极稳妥地推进城镇化”作为国家重点发展战略，中国的城镇化将进入一个全新的快速发展阶段。

城市化是人类的生产和生活活动随着社会生产力的发展由农村向城市不断转移以及城市空间不断扩大的过程。根据国际经验，当城市化水平超过 30%临界值，城市化进程将进入起飞阶段。据有关专家预测，中国 21 世纪将进入城市化水平更高的“城市世纪”。城市化增长速度可以达到每年增加 0.8～1.0 个百分点，2010 年，城市化水平达到 43%，2020 年，将达到 75%左右。一方面，城市化过程推动了区域经济增长，提高文化、教育与科技发展水平，改善居民生活质量与思想观念，促进社会进步；另一方面，随着城市化进程的加速发展，城市及周边地区资源、环境、生态正面临前所未有的巨大压力。我国正面临着世界上最为严重的现代城市“病”问题：水资源短缺、能源匮乏、水质恶化、大气污染、垃圾肆虐、生态破坏、交通拥挤、噪声扰民、人居环境恶化、食品安全受到威胁、居民健康水平下降。现代城市“病”与传统的环境污染问题相比，从成因、特征和危害程度方面都发生了显著变化，存在随时集中爆发的隐患，已成为我国社会经济可持续发展的巨大障碍。此外，农村人口向城市大规模迁移带来的社会问题，以及可能的区域和全球尺度的生态环境影响等无疑会对中国的现代化进程产生各种难以预料的复杂影响（史培军等，2000)。

3）城市化决策失误对可持续发展产生强烈的制约作用

城市化产生的多方面问题已成为城市建设繁荣中的隐性赤字，正在逐步对城市可持续发展产生强烈的制约作用。为解决城市不可持续发展的问题，关键在于与城市发展有关的制度安排和决策是否具有可持续性。由于决策失误引起的重大环境污染和生态破坏后果严重。历史教训表明，政策、规划和计划所产生的影响具有宏观性、累积性、长期潜在性等特点，如果在决策初期不考虑可持续发展问题，造成的后果往往难以弥补。布伦特兰报告在提出可持续发展思想的同时，强调应该把环境影响评价的重点转移到环境影响的政策源头，并对政策和计划实施更广泛的评价，特别是对那些具有重要环境影响的宏观经济、金融等重要决策。在城市发展过程中，可持续原则应作为政策的核心和主体，通过规划、计划和最终的建设项目逐渐分解和贯彻。环境影响评价是把城市可持续性原则“战略与政策—规划与计划—建设项目”逐步实施下去的重要手段和适宜方法。战略环境评价（SEA）是环境影响评价（EIA）在战略层次（法规、政策、计划和规划）上的应用。它通过对战略引发的社会经济活动而产生的环境影响进行分析评价，提出相应的环境保护对策或修正战略、调整建议，以避免或降低由于决策失误带来的环境影响，从而促进社会、经济、环境的协调发展。SEA是从基于经济效益的传统决策模式向立足于可持续发展的决策模式转变的一个重要工具，有助于增强决策程序和决策方法的科学性，是实施综合决策和科学规划的有效保证。

1.1.2 研究意义

1）促进城市社会、经济、环境复合系统的可持续发展

城市是一个复杂的巨系统，涉及社会、经济、政策、资源、文化、环境等方面，是人类生存的重要物质空间。健康的城市是社会良性发展、人民生活富裕的客观保障。城市应以可持续发展为原则，力求城市与自然共生、与区域和谐统一，从而实现城市经济不断增长，生活质量不断提高，城市生态系统良性循环。为解决城市不可持续发展的问题，必须从决策“源头”控制污染和减少环境破坏，关键在于与城市发展有关的制度安排和决策是否具有可持续性，由于决策失误引起重大环境污染和生态破坏的教训很多。历史教训表明，政策、规划和计划所产生的影响具有宏观性、积累性、长期潜在性等特点，只有在战略层次上进行环境影响评价，才能为实现可持续发展奠定基础。

2）补充、完善战略环境评价技术方法体系

目前许多国家、研究机构致力于构建适合的、完善的 SEA 理论体系和系统的、完整的方法学体系，用来解决目标因子的界定、背景环境分析、影响预测、效果评价、防范措施及监测等一系列具有系统性、综合性、非线性、不确定性等特征的问题，并对其他学科方法与 SEA 的有机结合、综合运用进行了深入的研究，如传统的 EIA 方法、政策学方法、系统工程学的理论与方法、生态学方法、最优规划方法（线性规划、多目标规划、多目标混合整数规划等）、数学模型法（一维模型、二维模型、三维模型、经验模型、环境影响清单法、环境矩阵法等）、层次分析技术、专家咨询方法、环境经济学的理论与方法（成本效益分析方法）、地理信息系统（GIS）、类比分析方法等。建立城市化战略环境评价体系及其综合集成技术系统，结合我国 SEA 的特点在实践中进行应用，可以作为对战略环境评价技术方法体系的有益补充。

3）为综合决策和科学规划提供技术支持

综合决策已受到国际社会普遍重视，我国也先后在《中国 21 世纪议程》、《中国环境保护 21 世纪议程》等文件中表示要"建立促进可持续发展的综合决策机制"，并要求各地各部门在制定区域和资源开发规划、城市和行业发展规划、调节产业结构和生产力布局等重大决策时，综合考虑经济、社会和环境效益，进行充分的环境影响论证，防治规划失误（张坤民，1998）。SEA 在可持续发展综合决策中起着不可替代的作用。对城市化 SEA 方法体系和技术方法的深入研究将促进 SEA 为决策者和环境规划者提供环境的基线信息、环境影响的范围和程度、环境损益、预防与补救措施、替代决策方案、监测及后续管理方案等。推动了环境目标及指标的公众评议工作，加强环境监测，创建标准的基础资料数据库，从而能够提高综合决策的效率和质量。

1.2 国内外研究现状及发展趋势

1.2.1 战略环境评价国内外研究进展

SEA 起源于 1970 年 1 月生效的美国《国家环境政策法》。SEA 是 EIA 在政策、计划和规划（Policies，Plans and Programs，PPPs）层次上的应用（Therivel，1992）。

1）国际上 SEA 发展的阶段及其标志

SEA 的演变可以分成以下 4 个阶段：

（1）前环境评价阶段（1970 年以前）。

这个阶段的环境评价主要是根据工程和经济研究（如成本—效益分析）进行项目审议，因此只能有限地考虑环境后果。

（2）EIA 方法论发展阶段（1970—1980）。

一些西方国家开始实行 EIA，这一阶段 EIA 侧重于识别、预测和缓解可能发生的生物、物理影响；公众参与开始受到重视。并且开展了多尺度 EIA，包括社会影响评价（Social Impact Assessment，SIA）（王慧钧，王华东，1996）和风险评价（Risk Assessment，RA）；公众参与也成为 EIA 的重要组成部分；项目 EIA 也更加强调无过失和替代方案问题。

（3）过程与程序调整、可持续性原则介入阶段（1980—1990）。

这一阶段，发达国家努力使 EIA 与政策规划及其后续阶段一体化；开始注重环境影响监测、环境审计、工艺评估以及环境纠纷的解决办法；在有关国际组织帮助下，一些发展中国家也实施 EIA。根据可持续性思想与原则，重新审视 EIA 的理论与体制框架；开始探索解决地区性与全球性环境变化与累积性环境影响的途径；在 EIA 研究与培训方面国际合作日益增多。

（4）SEA 时期（1990 至今）。

一些发达国家实行政策、计划、规划的 EIA，即 SEA；制定了一些跨国界 EIA 的国际公约；联合国环境与发展大会提出了 EIA 对扩大的概念、方法和程序的新要求，以促进可持续发展。

EIA 内容集中在空气、水和土壤等污染的评价和减缓，但是更大范围内的环境、社会和健康影响评价被忽略了，替代方案也很少得到考虑。评价的角度也集中在负面影响上。评价的介入时间也较晚。实际上，任何一个项目都处在一个开放的系统，不仅仅在空间上的流域上游、中游和下游之间，区域之间以及时间上的二次影响和累计影响都对区域可持续发展产生重要作用，并与区域的政策、规划和计划有关。为弥补 EIA 在这些方面的不足，世界银行（WB），亚洲开发银行（ADB），经济与合作组织（OECD）、欧盟等组织开展了 SEA 的研究。

2）SEA 的国际研究及国外 SEA 经验对我国的启示

（1）SEA 的国际研究。

迄今为止，各国和机构具体的政治和制度背景的不同，导致对战略环评的定义也各不相同。世行认为，SEA 是在战略层面上将上游的环境管理和社会影响考虑到发展规划和政策决策过程中并实施过程的工具。其特点是考虑制度和法律方面，发展替代方案，评价累积的和区域影响以及更广泛的社会-经济议题；并认为有限的时间以及评价能力是开展战略环境影响评价的限制因素。欧盟则将 SEA 定义为对那些可能对环境产生显著影响的特定计划和规划所作的环境评价。把 SEA 理解为一个环境审批过程或一个决策工具，强调战略性提案的环境影响，评价对象覆盖计划和规划的决策，并可扩展到政策性决策；在依然有可能选择替代方案时进行；应用项目环评的目的和原理；是一个灵活、多样的过程。开展战略环评的目的在于促进可持续发展；在更高水平上保护环境以及在规划阶段和采纳规划方案时综合考虑环境、经济和社会问题。可见，对战略环境影响评价的理解在本质上是一致的，即 SEA 是针对政策、规划和计划的环境影响评价。不同在于对环境外延的界定。欧盟倾向于将环境评价的重点集中在狭义的环境，而世行倾向于包括社会和经济在内的广义的环境。此外，战略环境影响评价强调对话、参与、减贫和替代方案；它是环境评价、健康影响评价的补充；同时它也是开放式的，一个叠式的过程。

（2）国外 SEA 经验启示。

瑞典：环境影响评价作为各国预防和控制环境污染的一项制度和技术，都与政府的环境管理机制有着直接的关系。中国和瑞典两国的环境影响评价制度都体现了“环评为先，项目决策在后”原则。所不同的是，在瑞典，政策颁布前必须进行战略评价；环境影响评价审查按 A、B、C 类项目分别由不同机构负责；公众参与的方式也更为多样。

加拿大：加拿大的 SEA 已尝试性地开展了多年，所取得的经验有助于我国进一步实施 SEA。加拿大十分注意 SEA 的后续评价问题。这一点应在政府相关指导性文件中明确并强制执行。后续评价措施可以增强 SEA 的作用。后续评价虽不是 SEA 正规的步骤，但为 SEA 有效性评估及 PPPs 提案的改进提供了一条非常重要的反馈途径，如图 1-1 所示。后续评价的目的：①评价环境影响预测和战略评价结论是否正确；②监督那些为缓解负效应、增强正效应所采取的措施的实施状况；③评估缓解措施的实施效果；④找出提高 PPPs 提案的环境效益所需要进一步完善的方面；⑤收集总结 SEA 实施中的经验教训。

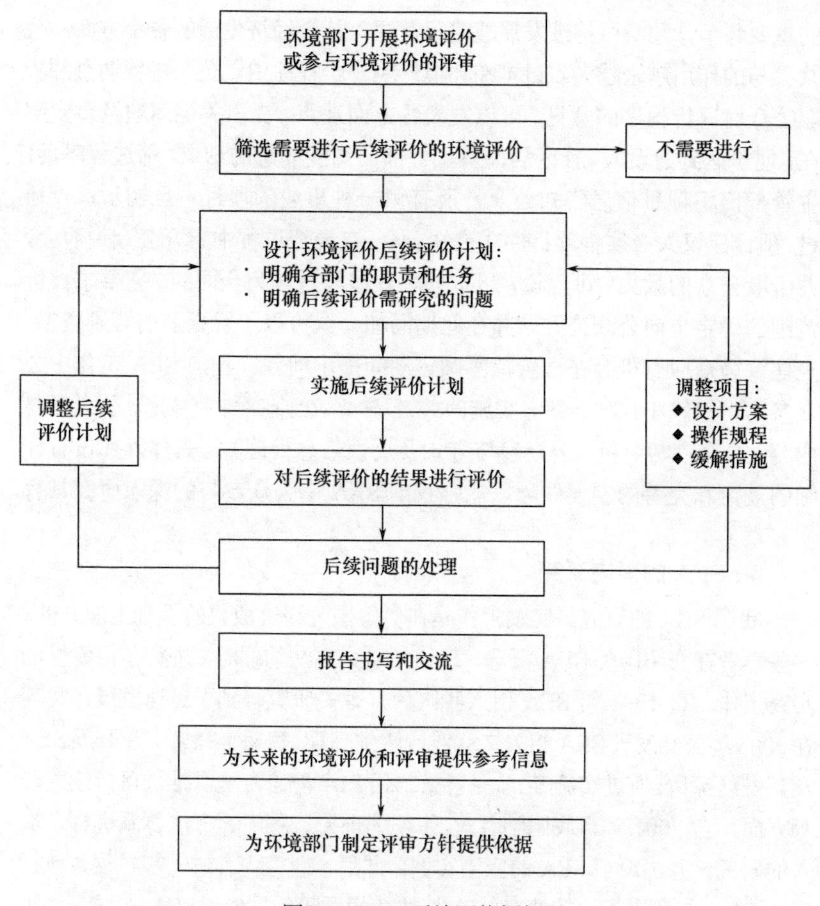

图 1-1　SEA 后续评价框架

我国这方面工作开展得很少，经验缺乏。因而，今后有必要把后续评价当作 SEA 有效性的评估手段和必经程序来抓，这同时也为进一步完善 PPPs 提供了一种重要的反馈途径。此外，加拿大定期的立法评估和规划评估以及政府各部门每 3 年一次的可持续发展战略评估的经验也非常值得借鉴。我国在条件允许的情况下，也应定期开展类似的评估，如对每个五年计划的执行情况进行评估、各部门每 5 年进行一次可持续发展战略评估等。及时总结经验，发现问题，指导修正后续立法和规划，不断提高、落实可持续发展战略的水平和力度。

日本：公众参与是环境影响评价的重要组成部分，也是 SEA 不可或缺的重要环节，随着可持续发展战略日益深入社会经济生活的各个方面，公共参与的作用越来越大。日本在环境影响评价程序中，公开进行调查并听取公众对评价程序的意见，可以发表各方面观点，提出关键问题及事实所在，便于达到建设人、社区居民及主管部门均能满意的结果。筛选程序后，主管部门将项目信息告知公众，所有第一种事业的项目一旦初步审查通过，项目建议人必须将项目性质通知公众，在调查过程中召开公众说明会，并听取公众的意见。可以说，日本的公众参与是较为全面的，它要求评价范围的确定也向公众公开，并在此期间使公众可以了解更多的背景资料，也建议公众应有机会在评价范围确定期间提出问题。我国 SEA 工作中公众参与份量较小，对于参与实施的关键环节（公众参与者界定、公众参与内容、公众参与时机、公众参与方式及反馈信息处理）等具体操作没有详细的规定和完善的制度保障。加强我国 SEA 中公众参与的深入研究具有实践意义。

3）SEA 的国内研究

我国 SEA 的研究与实践工作是在借鉴国外研究成果的基础上展开的。一些学者在介绍国外 SEA 概念、理论与研究方法的同时，进行了探索性的实践工作。自 1994 年 SEA 引入我国后，有关研究得到了迅速发展，尤其在2003年公开发表SEA相关文章数量达到高峰。初期研究集中在开展SEA及其发展探讨，通过实施 SEA 完善第二代 EIA 理论方法以推进可持续发展等方面。自 2001 年，我国学者对 SEA 的理论、程序、方法体系进行了深入的研究，并出现了 SEA 的应用实例。此后，研究内容进一步扩展，包括国外 SEA 与我国相比较情况、SEA 法律问题等。同时，SEA 在城市、流域、土地利用等领域的应用研究也进一步开展。

李魏在 SEA 的评价方法、实用程序和专家系统等方面作了大量研究，提出了建立综合集成的 SEA 方法的基本构想（李魏，1995；1996；1997；1998）。2000 年我国首次在法律层面上对《中华人民共和国大气污染防治法》实施了 SEA，评价重心是工业部门实行新的污染排放率，并就该法律的经济可行性、技术可行性、保障机制、可操作性和社会影响进行了一次全面的评估。《台州化学原料药品出口基地环境影响报告书》是我国完成的第一部战略环境影响报告书（2001 年）。随着我国 SEA 立法的颁布及其实例研究的增多，逐步建立了一些适合中国国情的不同层次、不同领域的 SEA

实施框架、指标体系与研究方法。尚金城、包存宽建立了中国SEA工作程序（尚金城，包存宽，2001；2002），尚金城指导的博士、硕士研究生结合中国能源战略体系、战略风险评价（尚金城，包存宽，2003）、经济开发区战略、深圳城市化战略等实证（车秀珍，尚金城，2002）、中小城市规划、青藏铁路建设规划（张妍，尚金城，2003）、生态省建设规划（尚金城，张妍，2004）、产业政策、“两控区”战略、山东省汽车产业规划（尚金城，任丽君，2005）、大连交通规划战略（徐凌，尚金城，2006），就SEA的研究内容、评价战略筛选、战略分析、SEA系统及指标体系、公众参与、不确定性因素等进行了较为全面、深入的研究。目前，我国SEA在立法、行政、方法学研究、指标体系和公众参与方面还存在着一定缺陷，实践研究主要还是集中在规划和政策的环境影响评价分析上，包括土地利用规划的EIA、海岸规划的EIA、区域规划的EIA、生态环境规划的EIA、农业规划的EIA、流域规划的EIA、交通规划的EIA、旅游资源开发规划的EIA和政策与法律层面上的EIA等。

1.2.2 战略环境评价研究发展趋势

1）SEA理论体系、方法学研究的深入

目前许多国家、研究机构致力于构建适合的、完善的SEA理论体系和系统的、完整的方法学体系，用来解决目标因子的界定，背景环境分析，影响预测，效果评价，防范措施及监测等一系列具有系统性、综合性、非线性、不确定性等特征的问题。对其他学科方法与SEA的有机结合、综合运用进行深入研究，如传统的EIA方法、政策学方法、系统工程学的理论与方法、最优规划方法（线性规划、多目标规划、多目标混合整数规划等）、数学模型法（一维模型、二维模型、三维模型、经验模型、环境影响清单法、环境矩阵法等）、层次分析技术、专家咨询方法、环境经济学的理论与方法（成本效益分析方法）、地理信息系统（GIS技术）、类比分析方法等。

GIS技术在SEA中的应用可包含以下几个方面：

① 利用GIS强大空间分析能力（如缓冲区分析）及空间分析方面的模型开发应用，包括环境质量评价模型（指数法）、污染源评价模型（等标污染负荷法）、人口预测模型、环境功能区划模型、环境投入产出模型、环境预模型、废水宏观总量控制模型、大气污染物宏观总量控制模型、固体

废弃物宏观总量控制模型、环境经济综合分析模型、环境决策模型等。

② 方法库作为对构模活动的基本支持，存储一些通用的、规范的算法模块，主要方法有预测方法（灰色预测、增长率预测、时间回归预测、马尔可夫链预测等方法）、统计分析方法（一元、多元和逐步回归方法）、综合评价方法（双等差评价方法、模糊模式评价方法、综合评判方法等）、聚类方法（系统聚类、模糊聚类和模糊软划分聚类等方法）、规划方法（线性规划、整数规划、目标规划、动态规划和多目标线性规划等方法）和其他方法（线性相关方法、灰色关联分析方法、AHP 方法、趋势面分析方法、主成分分析方法等）。

2）SEA 实践应用的时空扩展

目前 SEA 的开展不仅集中在发达国家，发展中国家和处于过渡时期的国家对于 SEA 的研究、实践也日益深入。SEA 的应用也由地区规划层次发展到国家计划、政策层次的 SEA。

SEA 开展较为广泛的发达国家，如美国、加拿大、澳大利亚、欧盟和世界银行等国际组织，SEA 的范围主要包括交通网络、区域开发、能源、矿山开发、大型活动如申办奥运、多边贸易谈判等。政府的财政预算、国防等少有 SEA 报告。随着 SEA 应用层次范围的扩展，美国已经实施了 2000—2004 年为期 5 年的国家海洋规划评价，爱尔兰对其 2000—2006 年的国家发展计划进行了 SEA，丹麦则对其 1999—2000 年国家计划实施了 SEA。荷兰国家环境政策计划、英国实施的绿色政府计划等均在国家级的政策确定中加入了 SEA 内容。

中欧、东欧和从前苏联独立出来的一些国家，如保加利亚、俄罗斯等国正处于过渡时期，1996 年后，SEA 在这些国家迅速发展。其中，捷克、斯洛伐克、波兰等国进行了交通、地区发展计划等规划层次 SEA，积累了丰富的经验（Barry Dalal-Clayton，2004）。在南非、拉丁美洲和亚洲的一些发展中国家，SEA 的研究和应用也逐步发展。我国西部大开发战略、纳米比亚土地使用计划等进行了 SEA。斯威士兰和纳米比亚已经起草了法案框架，明确要求对新法律、规划、计划、政策进行 SEA。SEA 实践应用的时空范围将不断扩展。

3）SEA 国际间的交流与合作加强

当今的环境问题，已经出现了大范围的环境污染与生态破坏，如大气污染物越界传输和酸雨、“温室效应”、臭氧层破坏、土地荒漠化和濒危物种等，使人类开始由对局地环境问题的关注扩大到对区域或全球性环境问题的关注。国际之间的交流合作也日益增多，如加拿大国际发展署（CIDA）资助中、加、越三国七高校合作开展的 CBCM 项目中我国厦门岛东海岸区开发规划的 SEA（刘岩，2002）。许多国家也将国际协定等纳入地方政策、计划的制定，如《京都议定书》和《气候联盟》中二氧化碳的消减规定、与政府财政有关的绿色税收体系的建立等。此外，许多国际组织特别是金融组织对其贷款资助的项目一般要求进行 SEA。

4）SEA 中公众参与的加强

公众参与是 SEA 的重要组成部分，随着可持续发展战略日益深入社会经济生活的各个方面，公众参与在 SEA 中的作用将越来越大，成为不可或缺的组成部分，并随着科技手段的发展不断加强。

公众参与在瑞典、日本等国家环境评价中得到了很好地执行。在瑞典，从项目提出到项目投产都要求公众参与，其过程复杂，涉及的阶层和职业面很广。公众参与的方式方法多样，如公众听证会、问卷调查、交谈、参与环境评价审查等。在环境评价报告审查会上，充分给予公众质询和提问的权力与机会。其公众参与的内容和结果是项目决策的重要组成部分。日本在筛选程序后，主管部门将项目信息告知公众，并且在调查过程中召开公众说明会，听取公众的意见。可以说，日本的公众参与是较为全面的，他要求评价范围的确定也向公众公开，在此期间使公众可以了解更多的背景资料，也建议公众在评价范围确定期间提出问题。我国的公众参与多数仅在环境评价过程中进行，参与过程简单，对于具体操作没有详细规定，缺少对话气氛。随着对公众参与的重视和人民环境意识提高、科技手段的加强，更多群众将参与到项目筛选和综合决策中，公众参与制度不断完善和加强。

公众参与的前提是公众应对拟建项目有所了解，将拟建项目所在地的自然环境景观、项目的基本情况以及拟采取的污染防治措施向公众展示。GIS 可视化技术已提供了这种可能，可有效地提高公众参与效率，顺利组织和实施公众参与评价。GIS 技术提供了完善的数据库组织、形象的可视化语言和强大的分析工具，用户可在可视化环境下对评价区进行多方位观察，从而更好地分析工程环境，不但直观而且方便普通市民的参与。基于 Internet 技术发展起来的 WebGIS，可以交互、民主、透明的方式使参与评价的 Internet 用户随时随地参与评价。例如，沈阳市城市规划展示馆设立了动态幻影成像窗口，在计算机交互技术和视/音频技术的支持下形成立体动态景象，向市民展示出沈阳2010年近景规划。长春市规划局向社会公布《长春市城市总体规划（2004—2020）》修编工作的主要内容，同时通过Internet向市民征求意见和建议反馈，加强公众参与。

1.2.3 城市化问题研究概况

城市化所产生的社会、经济和环境问题早为各国所重视，为探索一条人与自然协调发展的道路，各国学者从不同层次、不同角度及不同时空尺度对城市化进行了研究。通过资料收集、分析可以看出，国内对城市化的研究集中在经济、加速城市化发展战略、社区问题、文化教育、农民问题、法律制度和环境问题等方面，具体内容见图1-2。

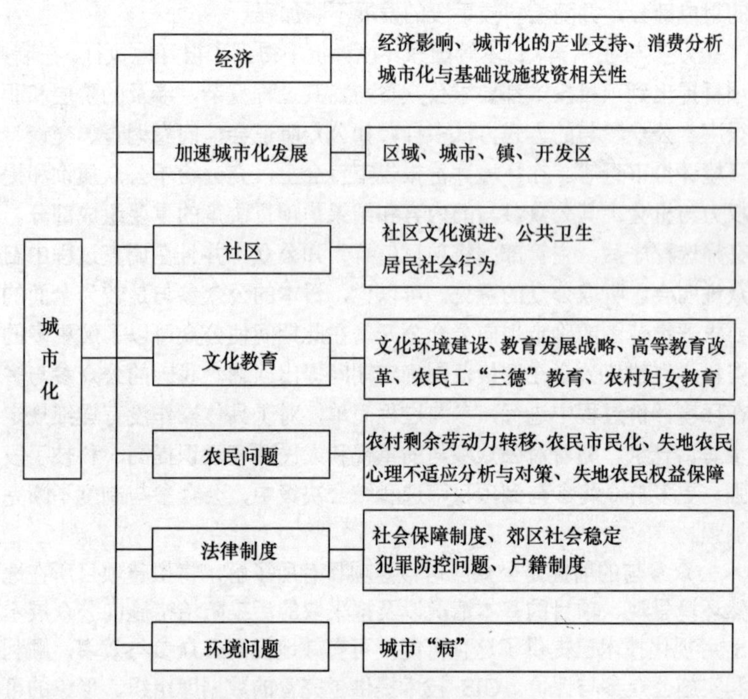

图1-2 城市化问题研究内容

国外对城市化问题的研究还涉及如德国对城市化与城市死亡率变化的研究、城市化进程中的政治经济迹象（James C.，2002）研究等。

对城市系统和城市环境问题的研究近年来发展很快，并在城市科学的各个研究领域进行了一系列的探索和应用，取得了许多成果。

1）国际研究

在城市系统的特征辨识方面，近 10 年来，西方国家已开展了一些相关研究，如车辆自动识别系统的开发（Varley 和 Visvalingam，1994）、能源需求和结构辨识（Balocco 和 Grazzini，1997）、土地特征辨识（Homer 等，2001）、建筑特征辨识（Gamba 等，2003）以及对能流、物流、水和废弃物的输入输出响应关系的辨识（Sahely 等，2003）等。

在城市能源活动规律研究方面，通过剖析能源结构、能源技术、能源价格、能源市场、能源使用效率等因素之间的互动机制，已有多个能源系统模拟和优化模型推出，并应用于能源开发和气候变化对策的研究。在城市大气环境的研究方面，通过分析污染物在大气流域中的迁移/扩散和转化机理，各国学者开发了不同的大气流域模型，并应用于城市及其周围区域的大气质量的评价、预测和管理，如研究工业污染贡献和污染物时空分布的 UAM-IV 和 MAQSP 模型（Fatogoma 和 Jacko，2002；Boylan 等，2002；Roelle 等，2002）、研究污染物分布及其对人体健康影响的 CTT 模型（Gfistafsson，1995）。在城市水和营养物循环的研究方面，通过对城市水环境及其污染物输移过程的特征分析，已进行了多种类别的模拟与优化研究。其中，对城市系统水循环机制的研究包括集中式或半分布式地表径流模拟（Aronica 等，2000）；对城市水体污染物迁移转化规律的研究则含地表水点源和非点源污染模拟（Lital 等，2004）；对城市水资源利用和配置的研究包括水资源调配的经济分析（Bielsa，2001）以及水资源需求和供给的动态模拟（Alaya，2003）。通过对固体废弃物的产生、运输、回收、处置和管理等过程的分析，开展了许多评价与优化方法、控制预处理技术的研究工作。在城市生态系统的研究方面，通过对以人为中心的城市生态系统演变机制的分析，从城市生态学的角度开发了一系列城市生态指标及评价方法，如生命周期评价法（Bicknell 等，1998）、生命足迹法（Huang 等，1998）、单指标评价（Wackemagel，2000）和综合指标评价（Morrison 等，2002）。另外，为模拟人类和城市生态系统之间的相互作用关系，城市生态模型的开发和应用研究得到一定开展，如物质和能量概念模型（Odum，1963；Pickett，1997）及集成式城市生态模型等。城市交通管理与土地利用研究方面，则主要集中在对可持续性城市交通和土地利用的评价方法与规划管理模式的探索，包括土地利用与交通建模研究（Kalnay 等，2003）、交通需求与行为分析研究（Abdulhai 等，2002）、基于简单优化技术的交通供给与交通政策研究（Choo 等，2005）等。在城市工业生态的研究方面，基于清洁生产技术和工业生态理论，通过分析城市主要工业和典型企业物质代谢的规律和内在运行机制，开发了一些新颖的工业生态学方法。

2）国内研究

国内在城市系统的特征辨识研究方面，主要运用现状调查和定性分析的方法对城市能源结构特征、大气环境现状、水资源现状、城市固体废弃物现状、城市生态系统现状与承载力、城市工业生态模式等方面进行辨识，如对济南能源潜力、武汉大气环境质量（胡明秀等，2005）、区域水资源系统（丰华丽，2002；王西琴，2002）、广州市生态系统承载力（张远等，2000）、多城市路网（刘丽萍，2004）以及徐州市生态工业模式（王丽萍，2004）的研究。

在城市能源活动规律研究方面，多为在对国外现有模型的引入和应用层面上，如利用ERB进行中国能源系统温室气体排放情景分析（胡秀莲等，2000），引入TIMER开发中国能源环境政策评价系统框架（姜克隽等，2004）。在城市大气环境的研究方面，由于大气流域模型对数据要求较高，需要气象模型模拟数据作为输入，目前国内还没有非常深入的研究和应用。对大气污染的模拟预测主要依赖于传统的高斯模型和箱式模型，如大气污染物扩散稀释的模拟研究（胡晨燕等，2004；肖敬斌和王京刚，2004）以及城市的大气综合质量的评价研究（史佩红，王亚芝，2004）。在城市水和营养物循环的研究方面，主要包括城市水文研究、城市水环境污染研究、城市管网管理研究、水资源调配研究、城市水资源规划利用及生态影响分析（陈梦熊，2003）等。在城市固体废弃物研究方面包括城市垃圾处置可持续发展管理模式的探索（郑铣鑫，2000）、固体废弃物填埋场适宜性评价和危险废弃物管理研究等。

在城市生态学研究方面，我国起步稍晚，目前的研究主要集中于生态评价指标和方法的建立，如基于生态格局分析法的城市景观格局、生态敏感性、生态风险及土地质量研究（欧阳志云等，2002）。生态系统模型方面的研究则刚刚起步，包括城市生态规划方法和多目标规划模型的建立（王如松等，2002；朱兴平，2004）等。

在城市交通与用地研究方面，一些新技术、新方法的开发和应用正逐渐得到重视。城市交通系统与土地利用互动关系的研究，包括土地开发交通影响模型的开发（耿敏修，2000）、居民出行与土地利用关系的统计模拟

（邓毛颖等，2000）、快速轨道交通空间布局模式的探索（郭秀成等，2001），城市交通系统与土地利用协调性发展研究包括基于可达性分析的交通与土地利用规划（陈艳艳等，2001）。

城市生态工业的理论和方法研究主要包括生态工业共生模式的探索（王兆华等，2005）、生态工业园制造业发展对策研究、生态工业系统决策支持的研究（张文红等，2004）、基于混合整数法的生态工业园区规划模型开发（陈定江等，2002）以及基于生命周期评价法的生态工业园环境影响分析。

在城市综合规划管理和决策的研究方面，定量研究较少，目前主要集中在综合指标体系开发以及城市代谢理论与方法的建立，如考虑社会、经济、资源、环境四大类系统指标的城市发展的综合分析与评价（李文琴，李红霞，2001）、模糊综合评价法在城市区域人地系统可持续发展的应用（温琰茂等，1999）以及城市系统代谢与废弃物生成效应的研究（蓝盛芳等，2002；颜文洪等，2003；刘敬智等，2005）。

1.2.4 城市化战略环境评价研究

城市化是中国现代化进程中面临的一个重要问题，开展城市化进程中的政策、计划、规划及替代方案的环境影响评价，有助于提高决策质量和实施可持续发展。

车秀珍、尚金城等研究了以可持续发展为核心的生态学理念在城市化进程 SEA 中的应用，并提出城市化进程 SEA 的基本程序，建立了城市环境可持续发展指标体系框架，并以深圳市为例进行了回顾型 SEA 实证研究（车秀珍，尚金城等，2001，2002）。徐鹤、朱坦等提出了政策层次上 SEA 的管理程序和技术程序，对天津市将出台的污水资源化政策（草案）进行了战略环境评价（徐鹤，朱坦等，2003）。基于城市总体规划 SEA 技术路线，结合黄各庄总体发展规划具体内容，开展 SEA 实例研究，开发了用于战略环境分析的核查表，对规划的可持续性和协调性进行了分析（徐鹤等，2003）。杨林等研究了西安曲江新区作为生态型城市新区的 SEA 及环境规划工作程序，探索了曲江新区可持续发展的规划途径（杨林，2003）。郝明家等对沈阳市浑南新区规划进行了环境影响识别和环境与资源承载力研究，并采用系统动力学（System Dynamics，SD）对规划实施后新区的社会经济发展趋势进行预测和评估（郝明家，2003）。以浑南新区规划的 SEA 研究为例，对区域规划 SEA 的评价程序及技术方法进行介绍（郑江宁，2004）。生态城市可持续发展的 SEA 探讨了 SEA 作为促进生态城市可持续发展的新工具在生态城市建设中的作用，并从评价介入的时间、筛选评价对象、确定评价范围和评价重点以及评价方法几个方面对生态城市建设的 SEA 进行了研究，提出了生态城市建设的 SEA 指标体系（周海瑛，2004）。此外，还有研究者介绍了欧美国家交通规划 SEA 的进展，总结了他们在城市交通规划 SEA 开展时机、技术方法等方面的经验（白宇，2004）。鞠美庭、朱坦分析我国城市规划存在的 5 大问题，探讨了中国城市规划 SEA 的技术路线及工作重点（鞠美庭，2004）。黄一绥等借鉴已有的可持续性评价工具，验证对城市背景的适用性，提出了一种可持续性评价的框架体系，并提出在城市开展 SEA 和可持续性评价的几点建议（黄一绥，2004）。分析 SEA 的社会学意义与决策价值，提出了中国城市发展 SEA 实施的制度安排（西宝，2004）。孟庆堂、鞠美庭结合发展实际，就城市公共交通规划的环境影响评价中的 4 种替代方案进行了环境影响分析（孟庆堂，2004）。

国外对城市化相关问题的 SEA 研究有城市可持续发展的 SEA（Anne Shepherd，1996），其中应用实例研究说明 SEA 可以有效地将可持续发展原则融入城市规划中去。对土地利用政策下公共大气毒性暴露 SEA 的研究（Melvin Robert Willis，2003），为不同土地利用政策下空气毒性暴露长期健康风险评价的 SEA 与管理，建立风险模拟与土地利用最优模式研究空间决策支持系统。城市可持续发展：沙特阿拉伯城市 SEA（Habib M. Alshuwaikhat，2004），研究在阿拉伯城市通过 SEA 实现可持续发展的指导方针和框架。

由以上研究进展可以看出，对城市化 SEA 进行的研究多集中在城市规划 SEA 层次，探讨促进城市可持续发展的途径。国内外对城市交通规划的 SEA 也在深入展开。评价过程中将 SEA 评价方法与系统学、最优规划方法、生态学方法、环境经济学方法、GIS 技术等有机结合。但缺少深入城市复合系统及其各个子系统，探索城市生态特征和演变规律，对城市化进程中战略影响进行评价的研究，发展趋势为对多学科方法的综合运用，以及评价内容深入城市化问题的各个方面。

1.3 城市化战略环境评价的研究内容及框架

1.3.1 研究内容

通过分析城市系统物流、能流、信息流及形态特征，根据我国城市化特点，建立城市化 SEA 体系，对城市化战略引发的社会经济活动产生的环境影响进行识别、评价、预测，提出有效的减缓措施及相应替代方案；构建城市化 SEA 综合集成技术系统框架。并将以上方法体系应用于城市化 SEA 实例研究，对长春市城市化相关政策、计划、规划进行 SEA，促进城市复合系统的可持续发展，为其他城市开展相关的研究提供借鉴。

1）城市系统的基本结构及其时空变化

从物流、能流、信息流的角度分析城市生命体在能量、大气、水和固体废弃物等方面的新陈代谢基本规律，探讨城市各子系统的运行机制和互动作用；从形态特征角度研究城市生命体基础设施、工业生产、人居活动、生态环境等方面的时空变化，从而对城市化进程中产生的城市“病”进行更好地识别、评价和调控。

2）城市化 SEA 综合集成技术系统

SEA 综合集成技术系统可以看成是环境信息系统的一种类型，或者说是环境信息系统在 SEA 领域的应用。建立城市化 SEA 体系，包括城市化 SEA 的工作程序、城市化 SEA 研究战略筛选与分析、环境背景状况调查分析、城市化战略环境影响识别、城市化 SEA 标准体系的建立、城市化 SEA 评价、城市化战略环境影响预测、城市化战略替代方案及环境影响减缓措施 8 个层次。通过对城市化 SEA 技术方法进行综合集成，研究建立城市化 SEA 综合集成技术系统，由以 GIS 为核心的“3S”技术支持系统、环境专家系统（EES）和环境模型系统（EMS）子模块构成，各子模块与城市化 SEA 工作程序相耦合，可以实现城市化 SEA 查询、分析识别、评价、预测、决策和输出的系统功能。

3）城市化 SEA 的应用研究

① 长春市是吉林省省会，全国重要的汽车工业、农产品加工业基地和科教文贸城市。近年来长春市城市化水平不断提高，城市经济快速增长，各项建设事业进一步提高，按照城市化发展的阶段性规律，长春市城市化发展进程目前处于中期加速阶段。但是与国内同等级城市相比，长春市城市化水平在速度、质量等方面还存在一定的差距。针对长春市城市化进程出现的问题，进行回顾型结合预测型城市化 SEA 研究，促进城市系统的可

持续发展。通过研究长春市城市系统可持续发展的构成要素，识别长春市城市化战略的主要环境影响因子及其作用机制，对长春市城市化不同阶段的可持续发展能力进行评价。

② 工业能流和物流是城市生命体新陈代谢过程的核心。工业系统与城市其他子系统彼此关联、相互依存，它们之间的互动关系是城市生命体复杂性的重要体现。工业系统的运行除依赖于高质量的能源、土地、水、矿产和生物等资源，还依赖于交通系统稳定、快速的输送。工业系统的产品支撑着整个城市的活动，其代谢废弃物对城市生态环境的质量有着决定性的影响。工业系统现存的效率低、污染重、浪费大等弊端是城市“病”的主要内容之一。因此，以长春市经济技术开发区生态工业园规划为对象，研究城市化过程中工业生态系统规划环境影响评价。从而探讨能源代谢和产业结构调整对污染物的影响趋势，完成不同发展方案下的工业生态系统预测与效率评价。

③ 通过对长春市城市用地演变过程进行回顾，并对长春市历年城市用地总量扩张以及各类建设用地动态变化相关资料的汇总分析，总结出长春市城市用地扩展的主要特征及其动力机制。土地与环境和自然生态密不可分，土地资源既是一种自然环境资源，又包含各种环境要素、环境系统。分析土地利用规划的环境影响，探讨土地利用不同类型的动态变化及空间景观特征变化，提出环境影响减缓与保障措施。

④ 长春市交通系统是一个具有复杂性、多层次性、反馈性等特点的复杂系统，综合可持续交通的要求，存在城市交通环境容量、交通环境承载力等阈值，对整个系统具有控制和约束的作用。针对长春市社会、经济和环境状况及交通现状，以城市交通规划的目的和规划实施后可能带来的影响为基础，认真分析影响规划实施效果的各方面因素，采用系统动力学方法对不同交通发展方案进行动态仿真和环境影响评价，并对不同情境下交通系统发展的协调度进行分析。

1.3.2 研究框架

对城市化战略进行筛选分析，在对现代城市生命体系统特征的辨识基础上完成城市化的环境影响识别。进行评价信息采集、分析、处理，建立评价指标体系。应用城市化 SEA 综合集成技术系统进行评价、预测，提出城市化战略替代方案、环境影响减缓措施和环境管理建议，整个评价程序各层次贯穿公众参与。得出评价结论，促进城市的可持续发展。具体见图 1-3。

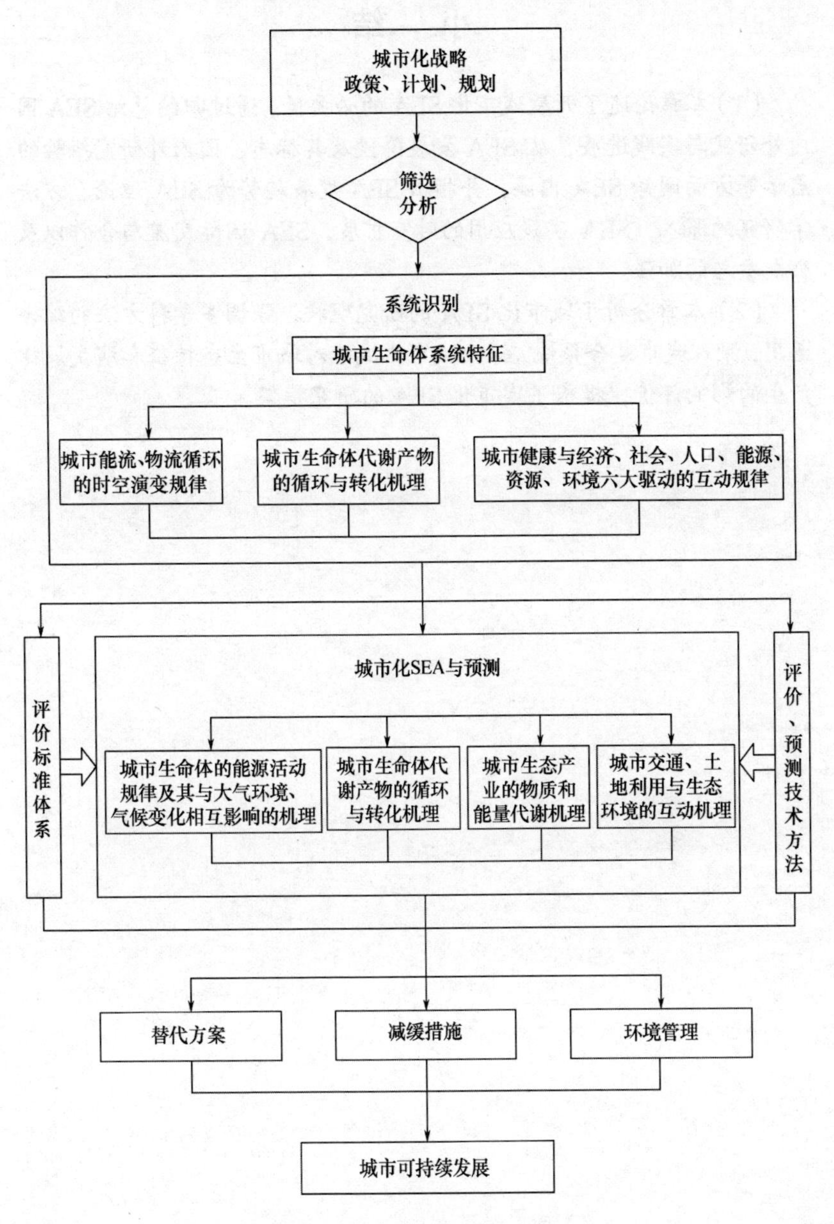

图 1-3　城市化 SEA 研究内容框图

小　结

（1）本章论述了开展城市化SEA的必要性。通过归纳总结SEA国内外研究与实践进展，从SEA发展阶段及其标志、国内外研究经验的启示等方面阐释SEA内涵，并指出SEA发展趋势为SEA理论、方法学研究的深入，SEA实践应用的时空扩展，SEA国际交流与合作以及公众参与的加强。

（2）本章分析了城市化SEA的研究现状，强调多学科方法的综合运用，深入城市复合系统，探索城市化战略对城市生态特征和演变规律产生的影响评价，提出了城市化SEA的研究框架。

第2章 城市化战略环境评价的理论基础和技术方法

本章重点分析了与城市系统理论相关的城市可持续发展理论、城市发展史、城市生命体理论、城市承载系统理论、城市化与城市“病”、系统学理论等在城市化进程中的指导作用，以及上述理论与开展城市化SEA的联系；同时论述了城市化SEA的方法学体系，并通过分析40个SEA研究实例说明评价技术方法在SEA各层次中的应用。

2.1 城市化战略环境评价的理论基础

2.1.1 中国城市发展阶段规律与特征

综观现代中国城市发展进程，大致可分为3个阶段：1949年—1957年间，发展起步阶段；1958年—1977年间，反城市化阶段；1978年改革开放以后，持续稳定快速发展阶段。

1）发展起步阶段（1949年—1957年）

1949年的城市人口为5765万人，城市化率为10.6%，1957年为9949万人，城市化率为15.4%，平均年增长率为7%。这一时期城市化进程，是机械增长和自然增长共同作用的结果，前4年以自然增长为主，后5年以有计划的机械增长为主。应该讲，这一时期是城市化规律得到正常显示的时期，但非常短暂。

1949年—1953年，随着国民经济的恢复与发展，城市建设的全面展开，大量农村人口进入城市就业、定居。1954年以前，无论是私营企业还是国营企业、机关、团体、事业单位，都可以根据生产和工作需要，自行增加职工，既可以招收城镇居民，也可以招收农村人口。城市化水平也逐步增长，1950年为11.2%，1951年为12.5%。

1953 年—1957 年，中国成功地执行了发展国民经济的第一个五年计划，其建设的突出特点有三：一是按照社会主义有可能把有限的资金尽最大可能集中起来使用的原则，由国家来统一安排建设计划；二是针对旧中国许多工业行业都是空白的特点，计划优先安排这些空白工业产业的项目；三是把多数建设项目安排在内地，改变原有工业生产集中在沿海的布局。因此，“一五”期间共安排大中型工业建设项目 825 项，在建设布局上，建在原来工业基础较好的城市占 36%，63%建在新工业区。

2）城市化波动阶段（1958 年—1977 年）

在我国，1958 年出现了一次城市化高峰。此后，随着国家政策的制定与调整，大批由农村招工进城的职工返乡，军人复员，出现了城市人口向农村倒流的情况。

这一阶段的城市化进程，还可划分为 3 个时期：反常的超高速城市化（1958 年－1960 年）；第一次由城市到农村的城市化波动（1961 年—1965 年）；第二次由城市到农村的城市化倒退（1966 年—1977 年）。

（1）超常的工业化引起超高速城市化（1958 年—1960 年）。

1960 年城市人口达到了 13073 万人，城市化水平达到 19.3%，比 1957 年的 15.4%增加了 4.4%。这一阶段，吸收了 1950 万农村劳动力进城，新设城市 33 座，城市总数达到 208 个，比 1957 年增加 18%，还新设置建制镇 175 个。

（2）工业调整时期第一次由城市到农村的城市化波动（1961 年—1965 年）。

国家对工业进行调整，紧缩城市经济，大量精简城市人口，动员了 2000 多万城市人口返回农村。同时提高建制镇标准，使城市数由 1961 年的 208 座压缩到 1965 年的 171 座，城市化水平由 19.7%降到 16.8%。

（3）工业化停滞时期第二次由城市到农村的城市化倒退（1966 年—1977 年）。

20 世纪 50 年代初期生育高峰导致大批青年的就业问题，上千万知识分子和机关干部及其家庭被下放到农村，大量知识青年被动员到农村插队落户，都加速了城市人口向农村的运动，城市人口的机械迁出量大增，累计达 3000 多万人。这一时期城市人口增长全部是自然增长。

3）持续稳定快速发展阶段（1978 年改革开放以后）

随着改革开放的进行，中国经济开始复苏并走向健康发展的轨道，城市数量、城市人口及其比例迅速增加，城市化进入了持续稳定的快速发展阶段。主要表现为：

（1）降低了城镇的建制标准，使城市数量迅速上升，在1978年—1988年的10年间，新设城市241座，新设建制镇5764个。

（2）随着各种城市政策的调整，城市数量增加导致城市人口及其比例上升，城市化水平达29.9%，是前29年我国城市化速度的2.5倍，是世界同期城市化平均速度的2倍（1998年）。

（3）经济体制改革使我国工业、农业经济都有了长足的发展，工业的发展使城市吸收劳动力的能力大大加强，农业的发展又为城市化提供了强大的推力。工业与农业的发展，共同成为城市化的动力。城市化水平开始由“量”向“质”转化，特别是东部沿海城市，已有从“人口城市化”向“城市现代化”转化的趋向。1978年后我国城市化步入了一个正常稳定的轨道。

4）中国城市发展的主要特点

（1）改革开放以前的城市化特点。

与世界上其他国家和地区相比，我国城市化主要有以下几个特点：

① 政府发动型动力。城市化及其基础——工业化是由政府发动的，政府是城市化的主体，其动力主要是政治性和社会性的，而非经济性的。

② 不协调型构成。城市数量与总人口相比数量太少；城市规模结构，大城市比例过高；城市地域分布不平衡，东密西疏；具有明显的“工业型城市化的特点”，城市功能偏集于工业。除中心城市外，多为工矿或工业型城市，商业城市、金融城市、旅游城市、科技城市、教育城市的发展严重不足。

③ 城乡双重性体制。形成了“城市—农村”二元社会体制，阻碍了城市化的正常发展进程。如在城市和农村，实行双重居民身份体制与双重交换体制等。

④ 波浪形进程。由于政治上的动荡和政策的变化，城市化进程具有起步晚、起点低、波动性大的特点，呈现出明显的波浪形发展轨迹。

（2）近20年来我国城市化的新特点及其趋势。

① 主体上。城市化的推动主体由一元向多元转变。改革开放以前，我国的城市化主体为政府，为一元的“自上型城市化”；20世纪80年代的农村改革，出现了乡村地区非农化和城镇化的二元的“自下型城市化”；20世纪 90 年代的城市改革，外资与内资对推动城市化发挥了越来越大的作用，出现了“外联型”与“内联型”城市化等。

② 发展战略上。国家发展战略重点由内地向沿海转移，改变了城市化空间格局。城市化发展趋势呈现出东部快于中西部、南方快于北方。

③ 制度上。一系列制度由计划向市场化转变，如户籍制度的松动、城市土地实行有偿使用制度、住宅货币化制度等。市镇设置标准的下降和设市设镇模式的变化，使市镇数量迅猛增加。

④ 形态上。小城镇在城市体系中的地位提高，大城市人口的实际增长率大幅度回升；大城市开始了郊区化过程；并且开始出现大城市区和城市连绵区，如珠江三角洲地区、长江三角洲地区和京津塘地区等。

⑤ 内涵上。随着世界经济的全球化和社会的国际化、知识化发展，中国的部分大城市开始走向国际化，中小城市开始步入现代化；城市内部的社会化在扩大；城市化除了数量的增长外，还呈现出“质”的变化，如人口素质提高、中产阶层形成等。

2.1.2 城市生命体理论

现代城市是一个复杂的大系统，涉及社会、经济、政策、资源、文化、环境等子系统。每个子系统又包含多个层次与组分，且各子系统之间及其内部组分之间存在错综的互动关系，呈现异常复杂的多目标性和动态性。此外，不确定性也是城市系统的一个重要特征：一方面，随着社会经济的不断发展，城市自身的结构和规模必然随时间和空间的变异而发生演变，带来各种社会经济和环境要素的不确定性；另一方面，系统各行为的物质和能量输入、输出也含大量的不确定性。这些不确定性信息自始至终伴随着城市的发展，并与其他特征一起共同构成了城市系统的复杂性。

城市本身似乎是非生命的，但是只要它存在一天其外部和内部都是生机勃勃。这不仅仅由于组成城市的中心成分是人，也不仅仅由于城市所作用的第一主体和服务的第一对象是人，而且在城市运作及其演进轨迹中，城市本身也有太多的行为类似于一个有机个体的生存与发展。近代研究证明，从宏观角度看，城市化 S 曲线与生物生长 S 曲线非常相似。换言之，往往可以把一个有机个体在其生存与发展环境中所进行的努力，放大到一个城市在生存与发展中的进程，并可实施有效的精确模拟。做出这样的假设去看待城市的生存与发展，在于可以借鉴现存的、明确的、有效的和公认的理论要点和确定规则，去面对可供参照的城市体系，再加以深度的、逻辑的、符合理性的开拓，从而将那些“概念边缘模糊、理论内涵混沌、无法观控定量、不能宏观预测”的重大命题，如将城市化战略问题推进到一个更新的层次。城市生命体是指由土地、交通/建筑、人口、能源、资源等组分组成，能通过与生物体相类似的自养或异养的新陈代谢方式进行能量转换、物质循环和废物排泄，具有在时间和空间上的生长、消亡及自我更新的自然演化过程，并能进行自我调控和自我繁殖的复杂物质系统。城市生命体存在着自然生长、能量释放及废弃物产生等具有多种生命特征的“新陈代谢”过程。其代谢产物主要包括废气、废水和固体废弃物，这些产物的收集处理系统（如给排水系统、垃圾处理系统等）构成了城市生命体的排泄系统；工业生产、居民生活和商业活动则体现城市生命体的消化功能，它们吸收和消化能量和营养并产生废弃物：城市建筑、桥梁、管道设施等可以看作生命体的骨骼组织；水和矿产等资源可以看作生命体所需的营养成分；各种电力、水利、煤炭等资源可以看成生命所需的能量来源；交通可以看作生命体的循环系统；而人，作为城市活动最重要的参与者，可以看作是生命体的各个细胞。由此可见，将生命体概念引入城市科学研究中，将有助于对城市系统的组成、结构、演变以及物质与能量循环进行全方位综合分析，从而从本质上把握城市系统运行的内在规律。

2.1.3 城市结构、功能和承载系统

城市通常被认为是“三大结构形态和四大功能效应的系统集合体”。从结构上去认识，城市首先表现为人类发展史上的一种空间结构形态；其次表现为人类发展史上的一种产业结构形态；以及表现为人类发展史上的一种文化结构形态。从功能上去认识，城市在一个“自然—社会—经济”的复杂巨系统中，通过集聚效应、规模效应、组织效应和辐射效应的能力，寻求将“人口、资源、环境、发展”四位一体地提升到现代文明的中心，表达为结构与功能不断优化的、具有等级系列特征的、作为区域发展动力的和一组整体演进的高效动态体系。简而言之，城市是在地理空间中的一组充填式布局，是被赋予等级概念的、功能互补的、具有整体效益最大化的一组集合，形成了一个结构和谐的、流通顺畅的、交互有序的、整体高效的网络系统。这种金字塔式的结构体，镶嵌在一个可以提供自然资源、可以提供生态服务、可以提供人力支撑、可以提供文化范式的基础平面之上。这样，城市必然既被视作在垂直方向上从大到小的有序结构，同时也被视作在水平方向上同级城市的功能互补，这两大方向上的编织效应和交互影响形成了具有自组织功能、自学习功能和自适应功能的特种复杂系统。

城市生命体承载系统主要包括承载人流、物流的城市交通体系和承载各类建筑物、构筑物的城市土地资源体系。作为城市人流、物流的载体，城市交通系统与生物的血液循环系统有很多类似的地方，城市中的交通干线（如同动脉和静脉）和网状的街道（如同毛细血管）彼此衔接，构成城市交通系统。各种交通工具如同血细胞，运载对象如同氧气和二氧化碳。最有效率地将氧气和二氧化碳输送到肌体的各个部分，就如同交通工具将运载对象输送到目的地。如果生物体循环不畅，那么轻则引起不适，重则导致病变。同样，如果城市交通阻塞，一方面人流、物流输送受阻，浪费时间和能源；另一方面污染物排放增加，加剧城市环境的恶化。像目前国内大部分城市所面临的不同程度的交通基础设施落后、交通拥挤、环境质量下降等问题，就是城市生命体处于"亚健康"甚至"生病"状态的一个重要表现。作为各类建筑物、构筑物的载体以及各项建设和经济社会活动的场所，土地的使用与城市生命体能否健康发展有着直接的关系。如果土地使用不当，将会造成城市生命体各组分的不均衡发展，进而导致整个生命体的畸变。目前城市中常常存在的土地利用格局不合理、宏观上土地资源不足与微观上的土地资源浪费、城市人口高度密集与土地利用率低下同时并存等问题，直接造成了城市挤、散、乱等非健康状态。

城市生命体作为一个有机整体，其各个环节彼此关联、相互影响。因此，上述承载系统中存在的问题不能孤立地看待，应该深入分析其间关系及其与城市生命体其他部分（人口密度、环境质量、能源供应等）的联系。从交通与用地的关系来看，一方面土地利用是交通需求的根源，另一方面交通的改善将提高土地的可达性和土地价值，增加土地使用者的出行，因此带来更大的交通需求，对交通改善提出进一步要求。由此可见，它们之间存在着紧密的互动关系。从交通用地与城市人口的关系来看，人口的增长是导致交通阻塞和用地紧张等城市生命体非健康状态的根本原因。从交通用地与城市环境的关系来看，交通阻塞和用地紧张对环境的影响十分严重。在研究城市生命体承载系统时，应该考虑各载体间的互动及其与城市生命体其他部分的相互影响。

2.1.4 工业化与城市化协调发展理论

几乎所有社会科学、人文学科和许多工程、自然学科或多或少涉及城市化的问题，由于不同的学科、不同学者研究问题的角度和侧重点不同，对城市化所赋予的内涵和外延也不同。

（1）统计学认为，城市化是指城市人口数量占该国家或某一地区的总人口的比例这一数量关系。人口学认为城市化首先是人口的迁移及其人口质量的变化。威尔逊（Christopher Wilson）在其主编的《人口学辞典》中的解释是："人口城市化是指居住在城市地区的人口比例上升的现象"。

（2）经济学认为，城市化是各种非农产业发展的经济要素向城市集聚的过程，最根本的是工业发展的结果；它不仅包括农村劳动力向城市第二、第三产业的转移，还包括非农产业投资及其技术、生产能力在城市的集聚。城市化与产业结构非农化同向发展。

（3）生态学认为，城市化是人类寻找最佳生态位的过程。

（4）地理学认为，城市化是居民聚落和经济布局的空间区位再分布，并呈现出日益集中化的过程。例如，崔功毫等认为，城市化是第二、第三产业在具备特定地理条件的地域空间集聚，并在此基础上形成消费地域，其他经济、生活用地也相应建立。多种经济用地和生活空间用地集聚的过程就是城市化过程（崔功毫等，1992）。

（5）社会学认为，城市化是人类社会文化、价值观念、生活方式等传统与现代之间的互动过程，是农村生活方式向城市生活方式发展、质变的全部过程。著名学者路易斯·沃斯在论述城市化时，采用了与Urbanization有区别的另一概念Urbanism，认为城市化不仅是农村人口向城市集中，还应包括城市生活方式的扩散，即人们不仅是在城市中居住或工作，而且城市是通过交通、信息等手段，对居住在城市中的人们给予影响而出现的具有城市特色的生活方式变化的过程。美国学者索罗金（P. Sorokin）认为，城市化就是变农村意识、行动方式和生活方式为城市意识、行动方式和生活方式的全部过程。日本社会学家矶村英一认为，城市化的概念应该包括社会结构和社会关系的特点，城市化应该分为形态的城市化、社会结构的城市化和思想感情的城市化3个方面。日本京都大学经济学教授山田浩之认为："城市化的内容可以分为两个方面：一个是在经济的基础过程中的城市化现象；另一个是在社会文化过程（上层建筑）中的城市化现象，对后者，用一句话来说，就是生活方式的深化和扩大。"

根据《中华人民共和国国家标准城市规划术语》将城市化定义为："人类生产与生活方式由农村型向城市型转化的历史过程，主要表现为农村人口转化为城市人口及城市不断发展完善的过程。"自1949年以来，中国的城市化几经起伏，经历了从低谷、波动、停滞走向稳定、快速发展的过程。

在建国以后相当长的一段时间里，中国走的是一条“积极推进工业化，相对抑制城市化”的道路，造成二者在发展速度上的不对称，城市化滞后于工业化的进程，不能发挥相互推动的作用。直到改革开放以后，城市化进程才开始加快。如果按照美国城市地理学家诺瑟姆所总结的世纪各国城市化的规律，那么，从统计数字来看，我国城市化已进入加速发展阶段。

表2-1表明，中国城市化水平已经得到了较大的发展。中国的城市，尤其是大城市为社会经济发展做出了重要贡献。在节约土地资源方面，城市高密度的集约空间利用形式和有效的城市规划管理措施相结合，将人均土地资源消耗降低到相对来说比较经济合理的限度。在经济发展方面，城市正发挥着无可比拟的凝聚力、吸引力和规模效应。全国工业总产出的50%、国内生产总值的70%、国家税收的80%、第三产业增加值的85%以及高等教育和科研力量的90%以上集中在城市（中国科学院，2002）。长期以来，中国的城市经济保持了快速增长的态势，对全国经济发展的作用和贡献越来越大。此外，在推进社会进步，如计划生育的实施和推广、人口出生率的降低、提高人民文化素质和科学技术等方面，城市都发挥了巨大的作用。并且在大、中城市的辐射作用和带动作用下，随着我国农村非农产业的快速发展，小城镇也在迅速崛起，开始从数量扩张向质量提高和规模成长转变，已经成为带动农村经济繁荣和推动城市化进程的重要力量。

表2-1　我国2003年与1990年城市基本情况比较

项　目	全部城市/个	地级及地级以上城市/个	特大城市/个	全市覆盖面积/ $\times10^4km^2$	市辖区面积/ $\times10^4km^2$	建成区面积/ $\times10^4km^2$
1990年	467	188	31	189.7	26.5	93.32
2003年	662	269	41	408.9	49.4	175.86
增长/%	41.8	43.1	32.3	115.6	86.4	88.4

资料来源：中国国家统计局，中国统计年鉴。

尽管我国城市化发展取得了巨大成就，但与世界对比，可以发现中国的城市化率提高的速度低于世界发达国家当时的水平。2000年中国的城市化率只有36%，而美国和日本的城市化率分别超过85%（1970年）和65%（1978年）。在中国现在的发展阶段，城市化率偏低将成为制约经济发展和实现现代化目标的瓶颈。国家《“十五”城镇化发展重点专项规划》指出，“我国目前推进城市化的条件已渐成熟，要不失时机地实施城市化战略”。

"推进城市化"战略将成为21世纪中国社会经济发展的重点，是"我国现代化建设必须完成的历史任务，是促进国民经济良性循环和社会协调发展的重大举措"。《中国可持续发展战略报告》预测，到2050年，中国城市化率将达到75%，城市人口增长到8.3亿～8.7亿。从各个方面来看，城市化的数量和质量，都将是21世纪中国社会经济发展水平的重要标志。

2.1.5 城市"病"

城市化的快速发展，使发达国家近百年的城市环境问题在我国近20年内集中爆发。我国正面临着严重的现代城市"病"问题，如水资源短缺、能源匮乏、水质恶化、大气污染、垃圾肆虐、生态破坏、交通拥挤、噪声扰民、人居环境恶化、食品安全受到威胁、居民健康水平下降等。这些问题已对我国的社会经济发展产生了一系列重大影响。现代城市"病"与传统的环境污染问题相比，从成因、特征和危害程度方面都发生了显著变化，存在随时集中爆发的隐患，已成为我国社会经济可持续发展的巨大障碍。

（1）资源短缺。我国城市资源供给量普遍短缺，资源利用效率偏低。这已成为影响我国城市可持续发展的重大挑战之一。从水资源看，我国城市水资源供需矛盾和城市水资源可持续利用中存在着很多问题，如城市用水效率不高、水污染加剧、城市水环境日趋恶化、水资源分割管理难以实现统一规划和调配、城市发展规模和经济结构不考虑水资源条件等。全国人均水资源占有量为2500m3，仅为世界平均值的1/4，排在世界第110位，其中深圳人均仅占全国水平的1/4，而北京人均不足全国水平的1/8。全国669座城市中400多座缺水，114座严重缺水。32座特大城市中有30座长期缺水。水资源短缺影响到四千万城市人口的日常生活。我国城市工业因缺水每年导致的经济损失达2000亿元，为GDP的1.7%。从土地资源看，随着城市化进程的加快，我国城市用地结构不合理问题日显突出。目前城市人均公共绿地仅6.52m2，远低于世界平均的60 m2。人均道路用地和建设用地面积仅为7 m2和112.3 m2，也远低于发达国家水平。同时，城市发展中"摊大饼"现象严重，造成土地利用率低和土地资源的大量浪费。从能源供需看，我国人均能源可采储量低，2000年人均石油、天然气和煤炭可采储量分别为2.6t、1074m3和90t，分别为世界平均值的11.1%、4.3%和55.4%。能源的开发利用必然会对环境产生影响，在社会发展初期，由于经济不发达，对能源需求量少，因而对环境的影响也小；随着城市化进程，经济快速发展，能源需求上升与生态环境承载能力有限的矛盾越来越明显，最终产生了制约经济发展和影响人类生存的资源短缺问题。此外，我国能源利用效率低，其中煤炭从开采到终端的利用效率仅 9%，远低于发达国家水平（50%）。我国百万美元产值耗煤量达 3165t，为印度的 2 倍、美国的 5 倍、日本的 8 倍。目前，我国已经成为世界上第一大资源消费国。这些资源问题随着城市社会经济的进一步发展而日益严峻，已成为制约我国城市可持续发展的“瓶颈”。

（2）气候变化。城市的气候是在区域气候的背景下，经过城市化以后，在人类活动影响下形成的一种局部气候。它与城市化以前的气候特征相比，具有许多明显的特征。由于大气透明度和下垫面的特殊性质，城市的太阳辐射和日照与郊区相比具有以下显著区别：太阳直接辐射减少，散射辐射增加，总辐射减弱；城市内短波辐射所占比例显著减少；总辐射时数城市小于郊区，城市内部日照的地区差异明显。这些差别主要是由于大气污染和城市建筑引起的，要改善城市太阳辐射条件，采取空气净化措施十分重要。城市热岛效应的存在使城市的气温比郊区普遍提高，并形成了城市中春夏早，秋冬迟，严寒日少，夏季高温日多，初夏日来得早等现象。热岛效应会导致热岛环流的产生，可将在城市上空扩散出去的大气污染物又从近地面再次带回市区，造成重复污染。城市的效应随城市化的程度不断得到发展，强度不断得到加强。城市具有使降水增加的效应，这种效应的产生主要由于城市的热带效应、阻碍效应，以及城市空气中污染物的凝结核效应。由于城市下垫面的特殊性质，加之城市地面植物的覆盖物少，因而城市的绝对湿度和相对湿度小于乡村。

（3）水和大气污染。我国城市水环境污染严重，78%的城市河段不适合作饮用水源，50%的城市地下水已受到污染。全国 41%的城市饮用水源地水质较差，约 30%城市人口的饮用水受到污染，近 50%的重点城镇集中饮用水源不符合取水标准。中国是严重的缺水国家，随着人口的增长和经济的发展，城市缺水的问题日趋严重，成为城市发展的一个限制因子，而严重的水体污染又进一步加剧了水荒。

我国 622 个城市有 300 多个城市缺水。长春市域境内共有 222 条河流，其中集水面积在 $1000km^2$ 左右的河流有 10 条，大于 $200km^2$ 的河流有 206 条，小于 $200km^2$ 的河流有 6 条，分属于第二松花江、饮马河、拉林河 3 个水系。受东高西低地形大势的影响，除闭流区河流外，境内的沐石河、饮马河、伊通河、双阳河、雾开河、新开河等，均由东向西排列，流向东北，先后注入第二松花江，构成了长春特有的南源北流的水系格局。长春市是全国 50 个严重缺水的城市之一，由于水资源紧缺，供水设施严重不足，已经不同程度地影响了人民生活和经济发展。农村水资源利用率偏低，水的配置不合理。随着农业经济的发展和种植业结构调整，水资源配置的矛盾日益突出，效果不十分明显的水稻消耗占用了大量的水资源，水稻每年耗费的水资源量为 12.8 亿立方米，占农业生产用水总量的 95%。制约了农村经济发展。另外，农村饮水困难和水质条件较差，大部分采用人工提水方式使用自打的浅井，一遇大旱年，严重缺水，用水紧张，远远达不到国家规定的农村安全饮水标准。水资源浪费严重。虽然长春市城乡建立了专管机构，也有相应的配套法规，但是水资源浪费现象还十分严重。由于城市管网年久失修，节水型器具普及率低和一些单位领导和群众节水意识不强，跑、冒、滴、漏现象比较严重，供水损失率在 20%以上，中水回用量还十分有限，每年有 2.3 亿立方米废水排入河道。同时，由于资金短缺农业灌溉设施老化、年久失修，渠系构筑物不配套，渠系有效利用系数只有 0.4，浪费损失还比较严重。水体污染仍然比较严重。据环保和水文部门监测资料反映，石头口门水库和新立城水库两座水源地由于干旱缺雨，水体大量减少，水质曾一度出现过富营养状态，除第二松花江外其他 5 条主要江河的中下游水体枯水期均为 V 类水体，个别河段由于企业直接排放污水，河道脏臭现象十分严重。另外，由于城市开发，一些水域和河段被挤占，失去原来河流的自然特征。水资源形势严峻。长春市人均水资源量仅在 $382m^3$ 以下，亩均水资源量仅为 $169m^3$，居民生活用水、工农业生产用水、生态用水均严重短缺。总体上看，水资源短缺将严重制约着长春市主导产业（汽车工业、农副产品加工业）甚至社会经济系统的发展。

我国城市大气污染问题严峻，1998 年全球空气污染最严重 10 个城市中我国占 7 个，其中北京名列全球第 3。2004 年监测的 319 个城市中，44%为中度污染、21%为重度污染，64%的城市大气颗粒物含量超标。长春市区大气环境污染仍然比较严重，总悬浮颗粒物和降尘在冬季供暖期和春季扬尘期明显偏高，大气污染正从煤烟型污染向煤烟、机动车废气和扬尘污染混合类型转变。大气污染严重威胁城市居民健康。近年我国城市人口肺癌发病率不断上升，占所有肿瘤发病率的 28%。2004 年我国因大气污染造成的经济损失占 GDP 的 3%以上。

（4）城市废物肆虐。城市的固体废弃物主要包括城市垃圾、工业和城市建筑工程排放出的废渣及少量废水处理的污泥，这些固体废弃物随城市的发展及人民生活水平的提高排除量日益增加。2004 年我国城市垃圾清运量约为 1.4 亿吨，并将以每年 7%～10%的速率增长。然而，垃圾处理率却远远达不到要求。我国废旧物资回收利用率只相当于世界先进水平的 1/4～1/3，每年因此而丢掉价值高达 250 亿元～300 亿元的可再生资源。我国年产有害工业废弃物约 2500 万吨，但其堆放储存率仅 27%、处理率仅 13.5%，而排放率却达 15.4%。这意味着每年约有 390 万吨危险废弃物排放到环境中。废弃物填埋占用了大量土地，导致城市“花环”现象呈扩张趋势。全国 70%的城市被垃圾包围，约 5 亿平方米的城市地面被垃圾侵占。北京三环、四环之间有 50m 以上的垃圾山近 5000 座，占地 460km^2。废物中含有大量有害、致癌、致畸物质。由于不能有效进行处理，许多污染物通过多种渠道释放到环境中，从而对城市人体健康造成极大危害。同时，不科学的废弃物管理措施导致严重的土壤和地表/地下水污染，以及填埋场垃圾沼气爆炸等问题。例如，北京市 95%的垃圾填埋场因违规而导致严重的地下水污染，恢复水质需要 50 年以上。贵阳市 1983 年垃圾场渗滤液污染地下水事件导致痢疾流行。重庆市因长期使用未经严格处理的垃圾肥导致土壤汞浓度超过本底 3 倍。东北老工业基地资源型原材料生产企业多，固体废弃物主要由工业固体废弃物构成。工业固体废弃物量非常巨大，主要是尾矿、粉煤灰、冶炼渣、煤矸石等。长春市生活垃圾资源化、无害化处理能力不足，垃圾填埋场周围大气和地下水污染较重，白色污染问题突出。我国 2004 年城市因垃圾造成的损失达 250 亿元。

（5）交通拥挤。我国城市交通拥挤问题普遍存在，致使城市全局性的效率低下，造成巨大经济损失。其中特大城市问题尤为突出。北京二、三、四环路在高峰时双向断面车流量为 1666 辆/h～2166 辆/h，超过设计流量 3 倍～4 倍，因交通堵塞造成的年经济损失高达 60 亿元，因乘客时间损失而导致的经济代价达 792 亿元/年。上海市中心区 50%的车道高峰小时饱和度达到 95%，全天饱和度超过 70%，因交通拥挤造成的直接经济损失占 GDP 的 10%。另外，我国城市人均交通道路面积少，仅为发达国家的 1/3，而轿车拥有量却以每年 20%的速度增长，这进一步加剧了交通拥挤。同时，交通拥挤也带来一系列的环境问题。车辆在低/怠速状态行驶时，频繁的停车和启动增加了尾气排放量和噪声水平，从而严重破坏了城市大气环境质量。

监测结果表明，近年来的机动车排气污染已成为深圳市主要大气污染源，对空气中氮氧化物浓度分担率达 70%以上。

（6）人居环境恶化。我国城市人口近年来急剧膨胀。2003 年北京市常住人口为 1456 万，瞬间人口逼近 1700 万，人口增长速度达每年 2.2%。未来 20 年内我国城市人口预计将增加 3 亿～5 亿。这将引发生活空间拥挤和环境污染恶化等一系列问题。其中，城市噪声污染问题尤为突出，全国 80%以上大城市交通干线噪声超标（大于 70dB）；2004 年北京市噪声污染投诉案达到了 6000 多件，占全年环境投诉总数的 42.3%。同时，城市绿地作为城市的“生命线”，不仅有助于调节温度、湿度，还可以防尘、除污、减噪。然而，随着我国城市的高速发展，建成区绿化覆盖率大大降低，绿地面积与城市总面积和总人口的比例远远低于国际水平。从城市室内环境看，各类建筑和装饰材料的放射性污染物（氡）和挥发性有机物（甲醛、氨苯等）浓度超标。据统计，约 35%的呼吸道疾病、22%的慢性肺病和 15%的气管炎、肺癌与室内空气污染相关。室内环境污染还是白血病的重要诱因。1994 年以来卫生部调查了 14 个城市的 1524 座写字楼和居室，发现室内氡浓度超标的占 6.8%，其中最高值超标 6 倍。北京近 5 年来因办公室污染引起的病态楼宇综合症（SBS）的重患者已逾千人，上海因 SBS 每年造成直接损失 620 万个工作日和间接损失 10 多亿元。总体来说，我国每年因室内空气污染引起的超额死亡数达 11 万人，年经济损失高达 107 亿美元。

（7）居民健康水平下降。城市环境污染直接危害人体健康，可导致生物体畸变、器官退化、遗传物质数量与质量下降，使得呼吸道疾病、过敏症、眼病、癌症、神经衰弱、老年痴呆与记忆力减退等一系列疾病的发病率增加。随着城市老龄化问题日益显著，环境敏感人群的规模不断扩大，这些问题将更加突出。例如，我国城市大气污染每年导致 5 万多人死亡，40 多万人染病。大气污染地区死于肺癌的人数比其他地区要高出 5 倍～9 倍。同时，城市环境污染也导致食品安全隐患。2003 年上报卫生部的重大食物中毒事件达 379 起，共计 12876 人中毒，323 人死亡。在深圳市，强致癌性的二噁英类化合物已在母乳和市售牛奶中检出；在广州，男性精子浓度比 40 年前下降近一半，这多源于食品中的有毒污染物；此外，我国儿童的膳食中铅摄入量已超过世界卫生组织标准 18%，约 40%儿童的血铅含量超标。因环境污染导致的疾病不仅降低了城市居民的身体素质，而且给城市社会和医疗保障系统造成严重负担。

（8）新生环境问题繁多。高新技术在城市的发展过程中起到重要作用，但也带来许多新问题和挑战。科技的发展伴生大量新型有害物质，如持久性有机污染物（POPs）和内分泌干扰物（EDs）。它们对人类健康和自然生态平衡构成了严重威胁。我国44个城市的地下水调查中，42个受到POPs的污染。同时，信息技术的发展伴生了大量的“现代垃圾”和电磁污染。目前我国每年淘汰约1500万台废旧家电、6万吨～10万吨废弃计算机主机以及3万吨～5万吨废弃显示器。电子技术造成的电磁污染也成为继大气、水质和噪声污染之后的第四大公害，并具潜在致癌、致畸、致突变作用。例如，220kV高压线周围300m内的人群患白血病和癌症机率是其他地区的数倍；我国每年出生25万智力残缺婴儿，其中电磁辐射是重要影响因素之一。

2.1.6 城市可持续发展

要解决城市化所面临的各种问题，可持续发展是方向与战略。城市可持续发展理论的建立与完善可沿4个主要方向：经济学方向、社会学方向、生态学方向和系统学方向。同时，城市可持续发展的研究还涉及自然环境的加速变化、自然环境的社会效应、自然环境的人化痕迹、城际与城乡之间发展的相对均衡、发展效率发展质量与发展公平的有机统一等，力图把当代与后代、区域与全球、空间与时间、结构与功能等有效地统筹起来。

城市可持续发展理论研究的经济学方向，是在城乡统一考虑的前提下，将区域开发、生产力布局、经济结构优化、物资供需平衡、财富的合理分配等作为基本内容。集中点是力图把“科技进步贡献率引领的经济增长去抵消或克服投资的边际效益递减率”，作为衡量可持续发展的重要指标和基本手段。该方向的研究尤以世界银行的《世界发展报告》（1990—1998）和莱·布朗在《未来学家》发表的“经济可持续发展”（1996）为代表。

城市可持续发展理论研究的社会学方向，是以城乡之间的社会发展、社会分配、利益均衡等作为基本内容。力图把城乡经济效率与社会公平取得合理的平衡，作为城市可持续发展的重要判据和基本手段。该方向的研究尤以联合国开发计划署的《人类发展报告》（1990－2004）及其衡量指标“人文发展指数HDI”为代表。

城市可持续发展理论研究的生态学方向，是以城市为点、乡村为面的生态平衡、自然保护、循环经济、资源环境的永续利用等作为基本内容。

力图把城乡的“环境保护与经济发展之间取得合理的平衡”，作为可持续发展的重要指标和基本原则。该方向的研究尤以挪威原首相布伦特兰夫人（1992）和巴信尔（1990）等人的研究报告和演讲为代表。

中国城市可持续发展战略研究在上述3个方向的基础上开创了的第四个方向——系统学方向。其突出特色是以科学发展观为指导、以统筹城乡发展为方向、以“大中小城市与小城镇的协调发展”为中心，去探索城市可持续发展的本源和演化规律，将城市可持续发展中的“发展度、协调度、持续度的逻辑自洽”作为判据，有序地演绎城市可持续发展的时空耦合与三者互相制约、互相作用的关系，建立了城乡人与自然、人与人关系的统一解释基础和定量评判规则。充分地体现出代际公平、人际公平和区际公平。城乡可持续发展的持续性原则是“人口、资源、环境、发展”的动态平衡。城乡可持续发展的共同性原则是体现全球尺度的整体性、统一性和共享性。中国科学院主持的研究项目并首次在中国发布的《1999中国可持续发展战略报告》，即是在1993年（牛文元）、1994年（牛文元，《持续发展导论》，科学出版社）和1996年（牛文元和W. M. Harris）系统论思想延续下的产物。城市可持续发展可由其内部具有严格逻辑关系的“五大支持系统”（子系统）组成，依序是：

① 生存支持系统——实施可持续发展的临界基础（城市发展的“基态”）。
② 发展支持系统——实施可持续发展的动力牵引（城市发展的“引擎”）。
③ 环境支持系统——实施可持续发展的约束限制（城市发展的“瓶颈”）。
④ 社会支持系统——实施可持续发展的组织能力（城市发展的“标准”）。
⑤ 智力支持系统——实施可持续发展的科技支撑（城市发展的“潜力”）。

2.1.7 系统学理论

城市是一个涉及诸多子系统的复杂系统，对于一项具体城市化战略及其替代方案环境影响的评价过程，SEA涉及因素包括社会、经济、环境等诸方面。就这些因素而言，相互之间都不是孤立的，而是存在着广泛的、多层次的相互联系、相互制约、相互作用；同时这些因素按一定结构进行组合，并表现出一定功能，即成为一系列的系统——战略系统、经济系统、环境系统。也可以说，SEA的研究对象就是战略经济环境复合系统（尚金城，包存宽，2003）。因此，系统学的有关理论和方法，如系统学基本理论与方法、系统工程理论与方法、灰色系统论与方法对于城市化SEA程序和技术方法研究都具有指导意义。

1）基本理论

系统是由诸要素相互作用构成的具有一定结构和功能的整体。系统在自然界和人类社会中是普遍存在的。在现实生活与理论探讨中，凡需要处理多样性的统一、差异的整合、不同部分的耦合、不同行为的协调、不同阶段的衔接、不同结构或形态的转变以及总体布局、长期预测、目标优化、资源配置、信息的创生与利用之类的问题，都是具有系统意义的问题。

（1）系统研究要素。

① 系统元素。元素是构成系统的基本组成部分，即不可再划分的单元。

② 系统结构。系统内部的元素之间相对稳定的、有一定规则的联系和作用方式，即为结构。系统是元素与结构的统一，系统的结构决定了系统的存在方式、特征和功能。

③ 系统功能。系统在一定的内部联系和外部联系中表现出来的作用和能力，即为系统的功能。系统的功能是由元素、结构和环境共同决定的。

④ 系统环境。广义地讲，系统之外的一切事物或系统的总和，称为系统的环境；狭义地讲，系统之外对系统有影响和联系的事物的总和，称为系统的环境。环境是普遍存在的，一切系统都在一定的环境中形成、演变与发展。

（2）系统特征。

系统无论大小、复杂还是简单，都具有普遍存在的共同特征。

① 系统的整体性。系统的整体性是指系统作为相互联系、相互作用的各要素和子系统构成的有机整体，在其存在方式、目标、功能等方面表现出来的统一性。

② 系统的相关性。系统组成要素不仅在系统内部相互依赖、相互制约，而且同外部环境也具有一定的联系和制约作用，这种相关性是形成系统结构、决定系统功能的基本力量，是系统整体性得以实现和维持的条件。

③ 系统的有序性。系统的有序性是指系统在其结构和运动的发展变革方式上表现出来的秩序和规律。系统的有序性表现为系统结构的有序性、系统运动的有序性和系统发展变化的有序性 3 种形式。系统的有序性是人们认识系统和控制系统的依据。

④ 系统的自适应性。系统的自适应是指系统在外界环境的摄动作用和内部结构不断变化的情况下，保持正常稳定地运转，从而使原定的目标

不至于受到干扰和破坏的特性。

⑤ 系统的目的性。人工系统和复合系统都具有一定的目的性，为了达到特定目的，系统都具有特定的功能。系统通常都是多目的性的，一个目的又可以用一个或多个目标来表示，当所有目标都满足要求时，系统即实现了既定目的。

2）系统方法

系统方法就是以系统理论为指导，把研究对象放在系统的形式中进行考察的一种科学方法。具体地说，就是按照客观事物本身的系统性，始终从整体（系统）与部分（要素）、部分与部分、整体与环境的相互联系、相互作用、相互制约的关系中，综合地、精确地考察研究对象，以达到最佳地处理所研究的问题。可见，系统方法也可以说是系统地考察和处理研究对象的整体联系的一种方法。系统方法研究问题的抽象性和概括性，使它更容易与数学方法相结合。系统方法在研究问题时，把任何对象都看成是系统，着眼于系统要素之间的相互关系，确定它们的层次结构，这样就便于用数学方法和数学语言从定性、定量的结合上研究和描述现实系统。这些具体方法主要有系统最优化方法、模型化方法、系统分析方法、系统预测方法、系统决策方法及系统评价方法等。

3）系统工程理论

系统工程是为了解决现代化生产和其他大工程所产生的“系统性问题”而创立的一个大门类组织管理的工程技术。而组织管理活动归根结底是以最优化的系统方法建立系统优化模型，从而使其结果价值最大化。所研究的领域是自然科学、社会科学与工程技术相互交叉与综合的研究与应用领域，核心问题是组织管理与决策。它涉及国家各个方面、各个层次，从微观到宏观，从行业到部门，从中央到地方（许国志，2000）。

系统工程是以系统概念为指导思想，确定系统的目的和功能，构造系统的模型。通过模型的运行，提出尽可能多的系统方案，逐个评价，从中选出和采用最优者，再进行设计和建造。系统工程建造的步骤可归纳为：①调研，包括基础资料的调查、收集、研究；②规划，包括系统目的和功能的决定、系统模型的构筑、系统的分析和优化等；③设计，设计系统的各要素（包括软、硬件）；④制作、运行、管理。钱学森同志提出的定性和定量相结合的系统工程技术，包括 6 个内容，即系统分析、系统设计、系统优化、系统建模、系统运行、系统评价。

（1）系统分析。

系统分析应以模型为中心来进行，其考虑的要素有目标、备选方案、费用、模型、判据。系统分析是一个有目的、有步骤的分析和探索过程。对系统分析提出的任务是：首先，要从总体上系统地研究需要决策的目标，以及决定达到目标所要求的有关判断准则；其次，要在考虑时间和风险的情况下，识别各备选方案的可行性和效能——费用的比较结果；第三，如果证明已有备选方案有明显不足，则应设计出更好的方案或选择更适宜的目标。

（2）系统设计。

系统设计就是利用系统分析所获得的信息，按照系统总体目标要求，设计系统的构成，进行功能分解，确定相互关系，决定管理体制和控制方式，以求得系统最优化前提下的最佳协调。系统设计，需要注意的是：必须将设计对象（内部系统）与环境（外部系统）同时考虑，即把输入和输出、相互支援和相互制约关系一并研究，这就是总体系统的概念。

（3）系统优化。

为达到某种最优状态，在给定的制约下，找出使某个目标函数或评价函数达到最大或最小的解。最优性，从广义上讲就是使一个决定或设计的系统尽可能地完善，从狭义上讲就是从多种设计方案中找到实现价值目标的最好途径、方法。因而，最优性实质上就是价值的最大化，它是一个价值原则，是价值论在系统论内部的贯彻。

（4）系统建模。

系统模型是以某种形式对一个系统有关本质属性的描述，以揭示系统的功能和作用。通俗地讲，建立系统模型就是把系统的实际问题转化为能用系统科学方法解决的形式。模型法相当于联系客观世界和科学理论的一座桥梁，通过这座桥梁人们可以探索系统的各个侧面。利用模型将系统的实际行为显示出来称为模拟（仿真），能准确预演系统的实际行为，故构建模型是系统工程的重要环节之一。

（5）系统运行。

系统实施或称系统运行，是指系统设计方案通过批准后，必须经过调试、模拟、仿真和试验，在试运行中考核目标、功能和结构的合理性和现实性，以便发现问题。

4）灰色系统理论

灰色系统理论经过 20 多年的发展，已基本建立起一门新兴学科的结构体系。它着重研究概率统计、模糊数学所不能解决的“部分信息已知，部分信息未知”的不确定性的问题，并依据信息覆盖，通过序列生成现实规律，以“外延明确、内涵不明确”为对象，了解、认识现实世界，实现对系统运行行为和演化规律的正确把握和描述。既含有已知信息又含有未知的、非确知的信息系统，称为灰色系统（邓聚龙，1985），其特点是“少数据建模”，即对试验观测数据及其分布没有什么特殊要求和限制。其主要内容包括以灰色代数系统、灰色方程、灰色矩阵等为基础的理论体系，以灰色序列生成为基础的方法体系，以灰色关联空间为依托的分析体系，以灰色模型（Grey Model，GM）为核心的模型体系，以系统分析、评估、建模、预测、决策、控制、优化为主体的技术体系。

（1）灰色系统基本原理。

由于灰的特点是信息不完全，信息不完全的结果是不唯一，由此可派生出灰色系统理论的两条基本原理：①信息的不完全原理，信息不完全原理的应用，是“少”与“多”的辩证统一，是“局部”与“整体”的转化；②过程非唯一原理，由于灰色系统理论的研究对象信息不完全，准则具有多重性，从前因到后果，往往是多—多映射，因而表现为过程非唯一性。具体表现是解的不唯一、辨识参数的不唯一、模型不唯一以及决策方法、结果不唯一等。

不唯一性的求解过程是定性和定量的统一。面对许多可能的解，可通过信息补充、定性分析来确定一个或几个满意的解。定性方法与定量分析相结合，是灰色系统的求解途径。

（2）灰色模型。

GM 是灰色系统理论的基本模型，也是灰色控制理论的基础。它是以 GM（所谓模块是时间数列 $X^{(m)}$ 在时间数据平面上的连续曲线或逼近曲线与时间轴所围成的区域）为基础，以微分拟合法而建成的模型。在灰色模块中由预测值上界和下界所夹的部分称为灰色平面（简称灰平面），这个灰平面的大小是由各个未来时刻预测值的灰区间所决定的。因此，它由原点（现在时刻）向未来时刻呈喇叭形展开，即未来时刻越远，预测值灰区间就越大。这样，模型对系统的刻画将因时间的逐渐外推，而逐渐失真。为此，灰色系统理论提出了一系列调整和修正模型的方法，从而提高了模型的精度。

一般来说，GM 具有以下性质：①具有微分、差分、指数兼容的性质；②模型参数是可调节的、不唯一的；③模型的结构具有弹性，即是可以变化的；④模型的构造机理是灰的；⑤模型是常系数性质的，其参数分布是灰的。这些性质为构造更能反映系统状况的模型提供了选择的余地。

概括地说，GM 具有以下特点：①建模所需信息较少，通常只要有 4 个以上数据即可建模；②不必知道原始数据分布的先验特征，对无规或服从任何分布的任意光滑离散的原始序列，通过有限次的生成即可转化成有规序列；③建模的精度较高，可保持原系统的特征，能较好地反映系统的实际状况。

（3）灰色关联分析。

在 SEA 系统中，许多因素之间的关系是灰色的，人们很难分清哪些因素是主导因素，哪些因素是非主导因素；哪些因素之间关系密切，哪些不密切。灰色关联分析为解决这类问题提供了行之有效的方法。

灰色关联分析是基于行为因子序列的微观或宏观几何接近，以分析和确定因子之间的影响程度或因子对主行为的贡献测度而进行的一种分析方法。灰色关联是指事物之间不确定性关联，或系统因子与主行为因子之间的不确定性关联。

关联分析主要是对态势发展变化的分析，也就是对系统动态发展过程的量化分析。它根据因素之间发展态势的相似或相异程度来衡量因素之间接近的程度。由于关联分析是按发展趋势作分析，因而对样本量的大小没有太高的要求，分析时也不需要典型的分布规律，而且分析的结果一般与定性分析相吻合，因而具有广泛的实用性。

（4）灰色系统预测。

环境的灰色预测就是基于灰色建模理论，即在 GM（1，1）模型基础上进行的预测，它通过 GM（1，1）模型去预测某一序列数据间的动态关系。灰色数列预测是对系统行为特征值（与系统的某种行为相关的数值）大小的发展变化进行预测，称为系统行为数据列的变化预测，简称数列预测。灰色系统预测的特点：对行为特征量进行等时距地观测，预测它们在未来时刻的值；灰色灾变预测是对系统异常现象在未来可能出现的时间进行预测，是对异常出现时刻的预测；灰色拓扑预测从系统运动变化的现有波形曲线出发来预测系统未来运动变化的图形，一般在原始数据列摆动幅度大且频繁的情况下应用；而系统预测则是对系统中的数个变量变化情况同时进行的预测，既预测这些变量间的发展变化关系，又预测系统中主导因素所起的作用。

（5）灰色决策。

根据灰色系统的思想、方法进行的决策，称为灰色决策。其包括灰色局势决策、灰色规划和灰色层次决策等类型。灰色局势决策是一种将事件、对策、效果、目标等决策四要素综合考虑的一种决策分析方法。灰色规划法把不确定性概化为目标函数，建立灰色规划模型，进行求解。灰色层次决策又称集团决策，一般来说，可将特点、意向、态度、要求相似的人群或具有相同决策重点或意向的团体称为一个决策层，决策层可分为群众层、专家层、管理层，这 3 个层次的决策意向，分别用某种“权”表示，不同层次的“权”是按灰色系统理论取得的，然后综合各层次的决策“权”，即可获得最终决策结果。

城市化进程中的相关规划是复杂的综合性系统工程，系统内具有错综复杂的关系，且系统信息具有不确定性，不易量化。运用灰色系统理论可以解决概率统计、模糊数学难以解决的“小样本”、“贫信息”等不确定性问题，并依据信息覆盖，通过序列算子的作用探索事物运动的现实规律。

2.2 城市化战略环境评价技术方法

2.2.1 SEA 方法学体系分类

完整的 SEA 方法学体系，可以解决目标因子的界定、背景环境分析、影响预测、效果评价、防范措施及监测等一系列具有系统性、综合性、非线性、不确定性等特征的问题。SEA 的方法学体系按其来源可归纳为 4 类：

（1）将传统的项目 EIA 的技术方法应用到 SEA 中，如影响识别、现状分析和多源污染影响预测的方法。

（2）将已用于政策研究与规划分析的方法，如方案模拟分析、区域预测与投入—产出技术、选址与适宜度分析、政策与计划评估技术等经过修改后用于 SEA（徐礼强等，2001）。

（3）信息技术方法在 SEA 中的应用。

（4）SEA 的综合集成方法。

另外，许多方法学思想被认为可用于 SEA，但是还没有在实践中得到足够的验证。到目前为止，SEA 的技术方法还很不完善，在替代方案的选择、战略层次影响的重要程度的判别标准、预测方法、不确定性处理等方面均存在一定的缺陷，需要不断地研究和探索。

经过分析、总结，城市化 SEA 各层次可应用方法见表 2-2。

表 2-2　城市化 SEA 技术方法

城市化 SEA	战略筛选方法	定义法、核查表法、阈值法、敏感区域分析法、战略相融分析法、矩阵法、专家咨询法
	环境背景调查分析方法	收集资料法、现场调查和监测法、“3S”技术、访谈、咨询
	战略环响的识别方法	叠图法、GIS 技术、清单法、矩阵法、网络法、系统流图法、灰色关联分析、层次分析法、智暴法、特尔斐法
	战略环境评价与分析预测方法	对比评价法、可持续发展能力评价法、费用效益分析法、加权比较法、逼近理想状态排列法、层次分析法、生态系统分析法、多元统计分析法（主成分分析法、因子分析、聚类分析等）、承载力分析方法、风险评价法、决策分析技术、非线性科学
	公众参与方法	会议讨论、提问表、社会调查与咨询、WebGIS 技术

2.2.2　SEA 技术方法实例应用分析

通过检索中国期刊全文数据库和相关出版资料，查找到 1994 年－2005 年涉及 SEA 内容的文章共 127 篇。其中，SEA 研究应用实例 40 个，对使用的 SEA 技术方法进行分析统计，结果见表 2-3。

SEA 应用实例列表：

① 深圳市城市化进程 SEA。

② 城市规划 EIA。

③ 城市化 SEA。

④ 河北省丰南市城市总体规划 EIA。

⑤ 长春市 SEA。

⑥ 长春经济技术开发区 SEA。

表 2-3　SEA 研究应用实例使用的 SEA 技术方法的分析统计

实例序号 / 技术方法	1	2	3	4	5	6	7	8	9	10	11	12	13	14	15	16	17	18	19	20	21	22	23	24	25	26	27	28	29	30	31	32	33	34	35	36	37	38	合计
核查表				○																					○											○		○	4
预警原则								○	○																	○													3
系统分析	○															○				○								○						○		○	○		7
生态系统方法	○							○	○								○	○																	○				4
层次分析法			○					○			○										○				○	○						○							9
矩阵分析								○								○									○			○										○	5
多元分析	○																																						1
随机过程分析	○																									○													2
前后对比、类比法						○																○			○	○		○						○					6
资源定位				○				○																															2
生态环境承载力				○			○	○		○													○		○	○			○	○									9
生态足迹																										○													1
系统动力学					○																				○						○					○			4
图层叠置法																																	○						1
遥感与 GIS	○	○											○	○						○			○			○						○			○		○		10
主观评分法																	○																						1
灰色关联分析																	○									○													2
环境容量									○	○													○						○					○					5
主成分分析																					○											○							2
加权比较法															○			○																					2

（续）

技术方法＼实例序号	1	2	3	4	5	6	7	8	9	10	11	12	13	14	15	16	17	18	19	20	21	22	23	24	25	26	27	28	29	30	31	32	33	34	35	36	37	38	合计
投入—产出模型			○																			○															○		4
多准则评价法								○											○																				2
环境数学模型法												○												○	○				○										4
土地适宜性分析				○																																			1
情景分析																		○							○												○		3
环境敏感度分析															○																			○					2
环境累积效应																							○																1
费用—效益分析																		○	○															○					3
指标法											○																						○						1
特尔斐法																																							1
专家咨询																					○				○														2
频度统计																					○																		1
文献查询																									○	○													2
趋势外推法																		○																					1
污染总量控制																											○			○				○					5
因子分析																			○	○	○				○														2
可持续发展能力评估																									○	○													2
问卷调查								○	○																○			○	○										5
个人访谈								○																															1
公众会议								○	○																○				○								○		5

⑦ 二龙山水库流域生态环境建设与 SEA。
⑧ 以海岸带可持续发展为目标的厦门岛东海岸区开发规划 EIA。
⑨ 港口规划 EIA。
⑩ 城市可持续发展的交通 SEA。
⑪ 苏州市城市交通系统可持续发展规划 EIA。
⑫ 城市综合交通规划 EIA。
⑬ 城市道路交通噪声评价系统。
⑭ 高密度城市道路交通噪声的典型分布在 SEA 中的应用。
⑮ 高速公路规划 EIA。
⑯ 青藏铁路工程 SEA。
⑰ 中国能源 SEA。
⑱ 上海能源 SEA。
⑲ 哈尔滨市城市民用能源发展 SEA。
⑳ 西部大开发概要性 SEA。
㉑ 中国五省农业开发规划 SEA。
㉒ 云南省玉溪市红塔区产业结构调整规划 EIA。
㉓ 区域发展规划 EIA。
㉔ 区域开发大气环境总体影响评价。
㉕ 沈阳市浑南新区规划 EIA。
㉖ 绥化市生态示范区建设的 SEA。
㉗ 黄阁工业园规划 EIA。
㉘ 《昆明滇池国家级旅游度假区总规修编》SEA。
㉙ 电力规划 EIA。
㉚ 旅游专项规划 EIA。
㉛ 长春市产业结构调整政策 EIA。
㉜ 长春经济技术开发区土地利用规划 EIA。
㉝ 土地利用规划 EIA（1）。
㉞ 土地利用规划 EIA（2）。
㉟ 土地利用规划 EIA（3）。
㊱ 规划 EIA。
㊲ 天津市污水资源化政策 EIA。
㊳ 绿色制造的 SEA。

㊴ 大连城市社会经济发展规划的SEA。

㊵ 武汉城市社会经济发展规划的SEA。

小　结

（1）本章构建了城市化SEA的理论体系，包括可持续发展理论、系统学理论、城市生命体理论、城市承载力理论、循环经济理论等，上述理论分别对应城市化SEA的不同特征，从整体角度发挥指导作用。

（2）总结了城市化SEA各层次可应用的技术方法，并通过分析已有的SEA研究实例来说明综合技术方法在SEA中的有效运用。其中，遥感与GIS技术、生态环境承载力评价和层次分析法在SEA中应用最为广泛。

第3章 城市化战略环境评价综合集成技术系统

城市化SEA是促进城市复合系统协调发展，实施综合决策和科学规划的有效手段。书中将以GIS为核心的“3S”技术支持系统、环境专家系统（EES）和环境模型系统（EMS）子模块与城市化SEA体系工作程序相耦合，构建城市化SEA综合集成技术系统（SEA-ITS）。并对其结构、组成进行分析，探讨综合技术集成方法，实现城市化SEA查询、分析、识别、评价、预测、决策的系统功能。

3.1 城市化战略环境评价综合集成技术系统分析

3.1.1 系统概述

环境技术系统（Environmental Technology System，ETS）是指利用计算机、遥感、通信等现代化技术手段建立起来的，广泛应用于环境科学领域的信息系统的总称，也可称为环境信息系统（Environmental Information System，EIS）。按照发展阶段和功能的不同，可将ETS进一步分成环境管理信息系统（Environmental Management Information System，EMIS）、环境决策支持系统（Environmental Decision Support System，EDSS）和环境专家系统（Environmental Expert System，EES）3种类型。SEA综合集成技术系统（Strategic Environmental Assessment Integration Technology System，SEA-ITS），可以看成是ETS的一种类型，或者说是ETS在SEA领域的应用。

近年来，环境影响评价专家系统（EIA-ES）发展迅速。国外研发案例有德国为评价欧洲污染地区地下水所存在的风险而开发的专家系统ALTEXSYS，美国研制的用于评价污染源对其周围环境危害的性质、规模及后果，并提出决策场所的场地评价系统、水质评价专家系统；剑桥环境研究公司(CERC)推出的ADMS大气扩散模型系统、噪声评价软件Cadna/A环境噪声模拟软件系统、公司环境管理的综合环境信息系统等。国内有白乃彬早期研究的区域环境大气质量评价专家系统、王文勇环境影响评价专家系统、中国科学院生态环境研究中心研制的区域环境大气质量评价专家系统、重大工程项目的生态环境影响评价专家系统和基于GIS的城市生态环境质量评价系统等。而SEA-ITS的研究较少，我国有李巍等于1997年提出了政策环境影响评价专家系统的综合设计思想——卫星模型设计（Satellite Model Design），即将传统的水平模型设计方法与垂直模型设计方法相结合的综合设计概念。由于SEA的研究对象——社会经济环境系统是一个开放、复杂的巨系统，涉及社会、政治、经济、环境等各个领域，需要繁多的、来自各个学科、各种类型的信息，环境技术系统可以解决其中包含若干不确定性因素的问题，对此进行深入探讨具有非常重要的意义。

3.1.2 城市化 SEA 体系与综合集成技术系统耦合

城市化是“人类生产与生活方式由农村型向城市型转化的历史过程”，主要表现在推动了区域经济增长，提高文化、教育与科技发展水平，改善居民生活质量与思想观念，促进社会进步。另外，随着城市化进程的加速发展，城市及周边地区资源、环境、生态正面临前所未有的巨大压力。此外，农村人口向城市大规模迁移带来的社会问题，以及可能的区域和全球尺度的生态环境影响等无疑会对中国的现代化进程产生各种难以预料的复杂影响。通过分析城市系统物流、能流、信息流及形态特征，根据我国城市化特点，建立城市化SEA体系，对城市化战略引发的社会经济活动产生的环境影响进行识别、评价、预测，从而提出有效的减缓措施及相应替代方案，并构建城市化战略环境评价综合集成技术系统框架。城市化SEA体系主要包括城市化SEA的工作程序、城市化SEA研究战略筛选与分析、环境背景状况调查分析、城市化战略环境影响识别、城市化SEA标准体系的建立、城市化战略环境影响评价、城市化战略环境影响预测、城市化战略替代方案及环境影响减缓措施8个层次。SEA-ITS是由以GIS为核心的“3S”技术支持系统、环境专家系统（EES）和环境模型系统（EMS）子模块构成，各子模块与城市化SEA体系各工作程序相耦合构建城市化SEA-ITS，系统耦合关系如图3-1所示。

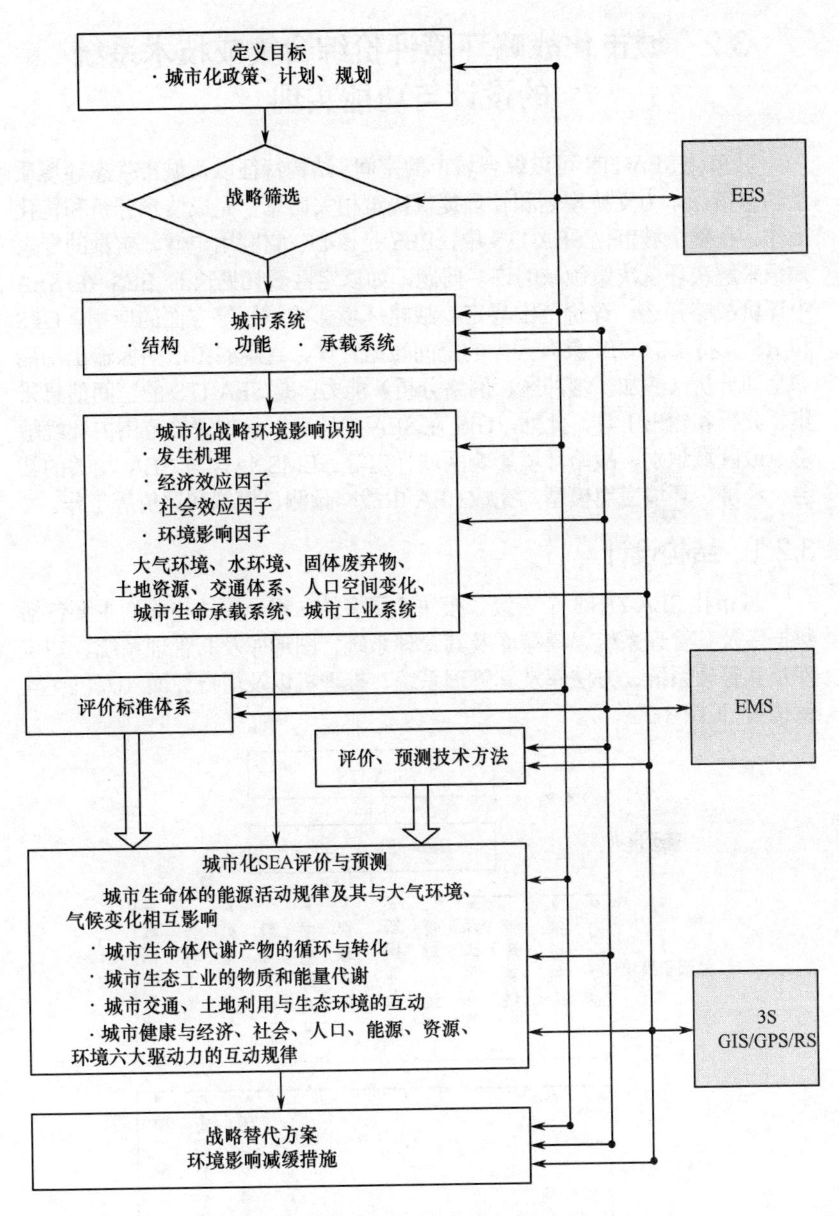

图 3-1 城市化 SEA-ITS 系统耦合关系

3.2 城市化战略环境评价综合集成技术系统的设计与功能实现

城市化 SEA-ITS 可以综合城市的空间、结构特征以及城市生态环境质量动态指标，为支持规划和管理提供决策相关信息，完成情景分析和优化工作。在整个城市化 SEA-ITS 中，EES 是核心，它利用定性、定量的专家知识来解决环境决策领域的许多问题，如以定性研究见长的 EES 在 SEA 中评价战略筛选、评价范围界定、战略环境影响识别等方面的应用。GPS 和 RS 支持下的 GIS 具有强大的空间数据管理、直观的图形图像输出功能和空间分析（叠加、缓冲区、网络分析）能力，是 SEA-ITS 的空间信息采集、分析和输出工具，此外，GIS 在 SEA 中还可以承担评价范围内环境敏感点或区域识别、战略环境影响区域界定等。EMS 包含与 SEA 相关的社会、经济、环境应用模型，完成 SEA 中战略预测、模拟和评价等工作。

3.2.1 结构设计

城市化 SEA-ITS 3 个一级子模块由更多的二级子模块构成，主要包括数据库及其管理系统、模型库及其管理系统、图形库及其管理系统、知识库及其管理系统、方法库及其管理系统、推理机以及用户界面（人机交互系统），见图 3-2。

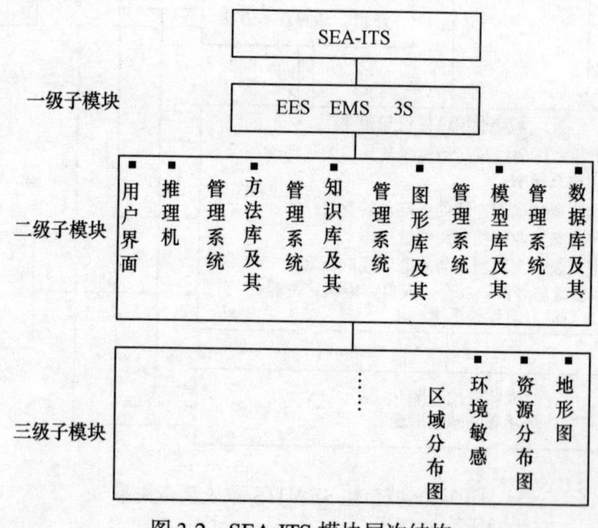

图 3-2　SEA-ITS 模块层次结构

SEA-ITS 是以 GIS、EES 和 EMS 为主的各子模块之间进行不同层次的综合集成，各子系统之间相互协调、协同工作。各子系统的初级结合见图 3-3。

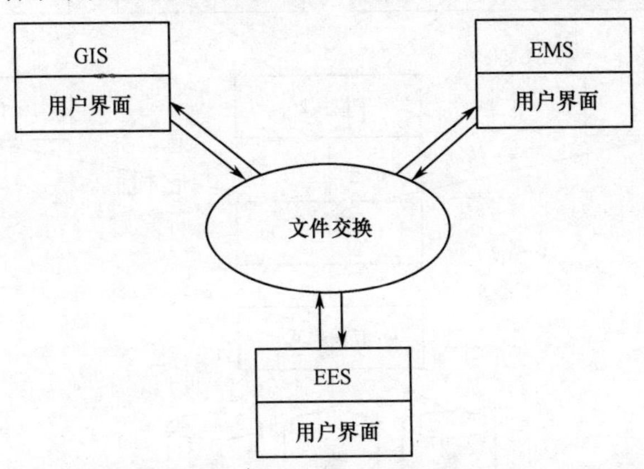

图 3-3　SEA-ITS 初级综合集成系统结构

各子系统的高级结合见图 3-4。

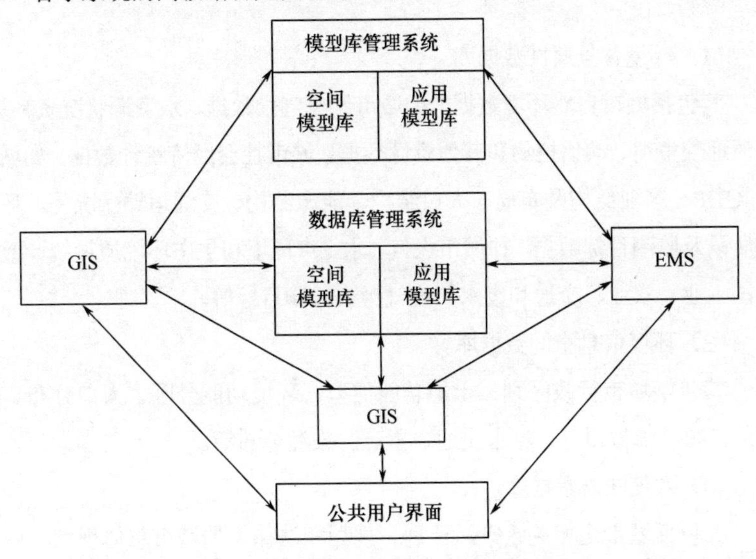

图 3-4　SEA-ITS 高级综合集成系统结构

1）数据库

数据库包括环境要素数据和政策法规数据。环境要素数据分为环境背景属性数据库和环境信息空间数据库。数据库的模式结构见图 3-5。

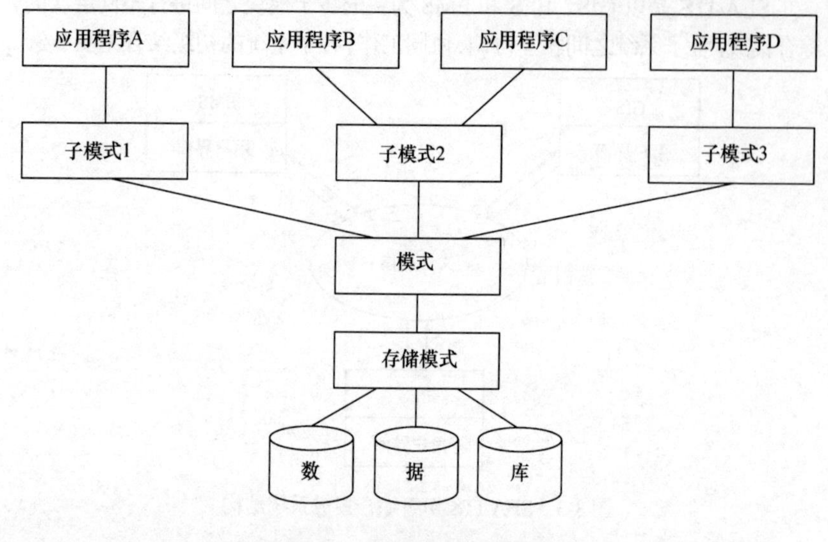

图 3-5　数据库的结构模式

（1）环境背景属性数据库。

其包括城市自然环境数据，如城市气象气候数据、水资源状况资料、地质地貌资料、动物植物和其他资源数据。城市社会经济统计数据，如城市 GDP、产业结构及布局、人口结构、能源结构、交通运输状况等。环境质量及监测目标数据，如城市大气、水、声环境和生态环境质量统计数据，工业、农业、交通和废水、废气污染控制目标等。

（2）环境信息空间数据库。

其包括城市行政区划、土地功能类型、环境功能分区、人口分布、水系分布、植被覆盖、城市交通、重点污染源分布等。

（3）政策法规数据库。

其包括城市化相关政策、计划、规划和法律，如城市总体规划、城市产业政策、能源政策、人口政策、土地规划及上一级区域发展纲要等，以及评价战略的具体内容、战略制定者有关信息、实施范围及期限。此外，还有有关环境法规、环境标准等。

2）**图形库**

图形库包括由空间数据库直接生成的有关图，以及经过空间模型处理后生成的图，如城市自然地貌类型图、城市行政区划图、城市交通图、植被分布图、水系分布图、城市土地利用区划图、人口分布图、环境功能分区、大气功能区划图等。还可以将TM影像、SPOT影像、Radar影像等遥感影像搜集整理入库。

3）**模型数据库**

其包括空间模型和应用模型。应用模型分为社会经济模型、环境模型和综合模型。包括产业及产业结构发展趋势模型、战略——经济行为输入响应关系模型、环境质量评价模型、污染源评价模型、关键人口预测模型、环境功能区划模型、环境投入产出模型、环境预测模型、废水宏观总量控制模型、大气污染物宏观总量控制模型、固体废弃物宏观总量控制模型、环境经济综合分析模型、环境决策模型等。

4）**方法库**

方法库作为对构模活动的基本支持，存储一些通用的、规范的算法模块，主要方法有预测方法（灰色预测、增长率预测、时间回归预测、马尔可夫链预测等方法）、统计分析方法（一元、多元和逐步回归方法）、综合评价方法（双等差评价方法、模糊模式评价方法、综合评判方法等）、聚类方法（系统聚类、模糊聚类和模糊软划分聚类等方法）、规划方法（线性规划、整数规划、目标规划、动态规划和多目标线性规划等方法）及其他方法（线性相关方法、灰色关联分析方法、AHP方法、趋势面分析方法、主成分分析方法等）。

5）**知识库**

知识库是将专家的经验以及环境管理通则以规则的形式存储于SEA-ITS中，用来解决非结构化问题、半结构化问题，如不同类型环境敏感点或敏感区域的缓冲区大小、污染物扩散模式在不同条件下的选择、环境影响因子权重的确定、污染物排放总量的确定等。

6）**推理机和用户界面**

推理机负责使用知识库中的知识去解决实际问题，包括正向和逆向的推理。推理机帮助用户明确问题，此外，也将有关知识、经验提供给选择模型及确定约束条件，以便在模拟优化时使用。用户界面是人机交互系统，在用户和系统之间传递信息，用户可以通过它进行查询、分析等菜单操作。

3.2.2 功能系统设计

1）系统技术实现

城市化 SEA-ITS 的实现可以依靠 Visual Basic.net + Mapx5.0、Visual Basic.net + Mapobject、Visual Basic.net + Acrobject 技术进行支持，并且在系统设计中可以利用 GIS 强大的空间优势，进行环境模型库与地理信息系统的耦合。例如，采用 Visual Basic 6.0 开发系统集成界面，通过 ActiveX 数据对象（ADO）、数据访问对象（DAO）和开发式数据库连接（ODBC）等技术与环境专题属性数据库集成，通过调用动态函数库（DLL）的方式实现 MapInfo GIS、MapObject 与应用模型程序之间的数据通信与传递，并且构成统一的无缝界面。该系统对所有环境模型实行集中管理，并具有空间/属性数据输入、模型选择、模型输入、数据转换、模型内部调用、模型结果显示查询、模型连接和组合、结果图表输出等多项功能，见图 3-6。

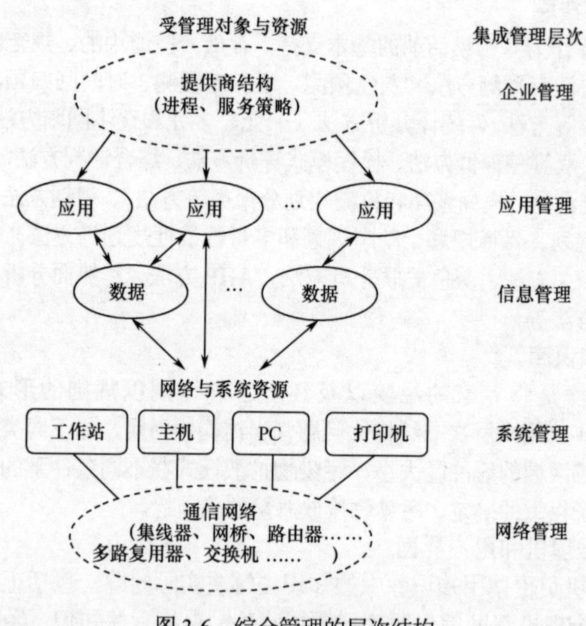

图 3-6　综合管理的层次结构

2）系统功能

根据 SEA 的技术要求，结合城市化的特点，通过环境技术系统建立城市化 SEA-ITS，通过用户界面可以进行城市化 SEA 的查询、分析、识别、评价、预测、决策和输出菜单的选择操作。菜单下设置的子菜单包括与城市化 SEA 程序相关内容及其技术方法，详见图 3-7。

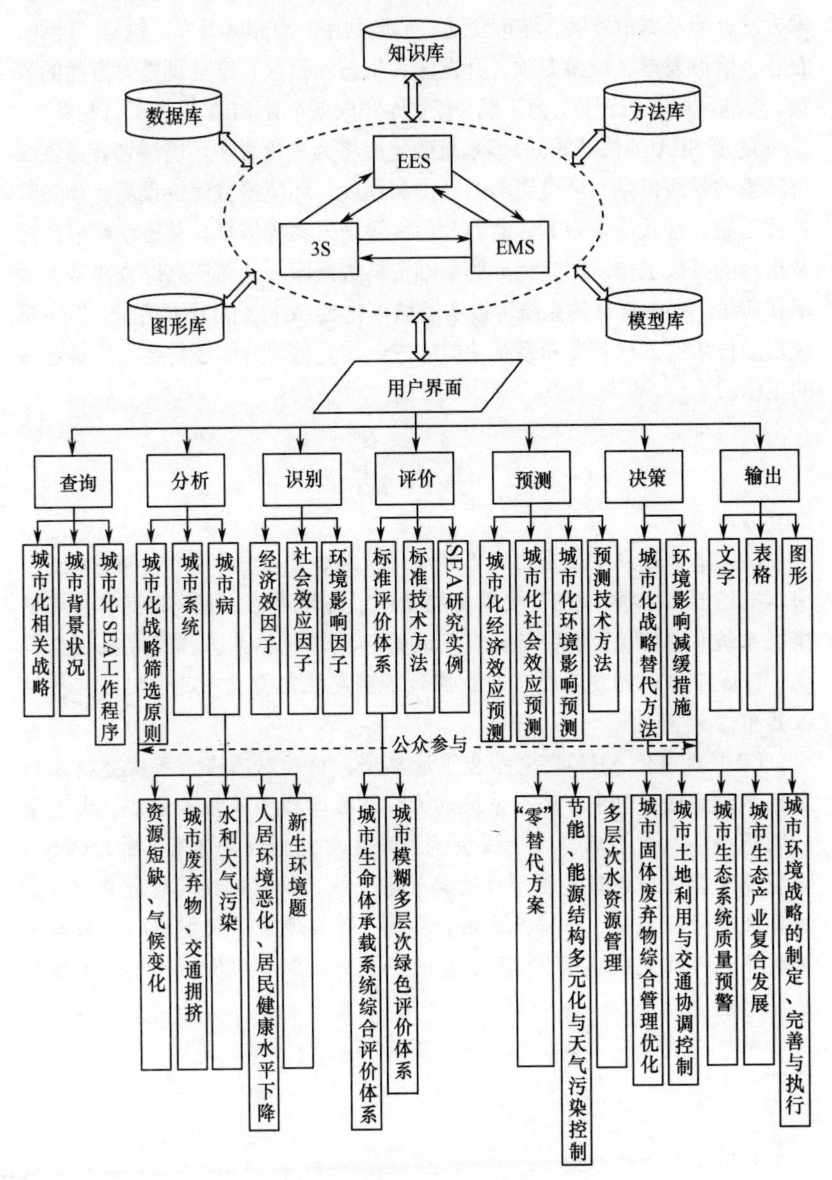

图 3-7　城市化 SEA-ITS 框架

在系统评价菜单中还设有 SEA 研究实例，其中包括国外 SEA 成熟实例，以及收集、整理的国内 40 个 SEA 应用实例的主要研究内容、评价技术方法，涉及城市发展、城市交通、土地利用、海岸区开发、铁路、能源、农业、区域发展、旅游专项、开发区和生态示范区、产业调整等方面的政策、规划环境影响评价，为正确、有效地完成城市化 SEA 提供了有利参考。

随着 SEA 的快速发展，该系统的使用将为决策者和环境规划者提供城市环境的基线信息、环境影响的范围和程度、环境损益评价预测、预防与补救措施、替代决策方案、监测及后续管理方案等信息。并推动环境目标及指标的开放工作，创建标准的基础资料数据库，从而提高综合决策的效率和质量。书中设计的系统可以实现城市化 SEA-ITS 的基本功能，但在系统集成技术的二次开发和系统功能的进一步完善等方面还需要今后做更多的工作。

小 结

（1）本章建立了城市化战略环境评价综合集成技术系统（SEA-ITS），由以 GIS 为核心的“3S”技术支持系统、环境专家系统（EES）和环境模型系统（EMS）子模块与城市化战略环境评价体系工作程序相耦合构成，将城市系统的复杂性、开放性和不确定性定量、半定量化且直接纳入其中。

（2）城市化 SEA-ITS 结合了清单法、前后对比法、层次分析法、灰色系统方法、GIS 方法、系统动力学、数学模型等技术方法，由 3 个一级子模块及更多的二级子模块构成，主要包括数据库及其管理系统、模型库及其管理系统、图形库及其管理系统、知识库及其管理系统、方法库及其管理系统、推理机及用户界面，并实现了子模型间的关联与数据共享，可以完成城市化 SEA 查询、分析识别、评价、预测、决策的系统功能。

第4章　城市化进程战略环境总体评价

本章在论述长春市城市化概况的基础上，分析城市化相关政策、计划和规划，识别了长春市城市化进程中的环境影响因子，并通过建立可持续发展能力评价指标体系对长春市城市化不同发展阶段的可持续发展能力进行评价，说明其社会、经济和环境系统的运行状况，对长春市城市系统经济、人口和土地利用等发展做出预测。

4.1　长春市城市化概况

4.1.1　长春市概况

1）行政区划、人口概况

长春位于北半球中纬地带，欧亚大陆东岸的中国东北平原腹地，吉林省中北部地区，西北与松原市毗邻，西南与四平市相连，东南与吉林市相依，东北同黑龙江省接壤。

从地理位置看，长春地处东经 124°18′～127°02′，北纬 43°05′～45°15′，市中心坐落在东经 125°19′，北纬 43°43′。长春市地域辽阔，土地资源丰富，全境面积为 20571km^2，其中市区面积为 3603km^2。下辖南关、宽城、二道、朝阳、绿园、双阳 6 个城区及农安、德惠、九台、榆树 4 个县（市）。市域范围设有国家级开发区两个，分别是长春经济技术开发区和长春高新技术产业开发区，以及 11 个省级开发区。其中两个国家级开发区和 6 个省级开发区位于市区范围。

从宏观区位看，长春市位于东北亚经济圈接近几何中心的位置，从中观区位看，长春市地处我国东北地区主干线京哈大动脉和图乌公路十字交通要道，从微观区位看，吉林省域的几乎所有高速公路、公路如长吉、长白、长伊、长农、长双等都在长春市市区汇聚，使长春市成为地区性交通枢纽。

2003 年全市总人口 718.2 万人，其中非农业人口 313.1 万人；市区总人口 310.0 万人，其中非农业人口 234.4 万人；四市（县）总人口 408.2 万人，其中非农业人口 78.7 万人。

2）自然概况

长春市域位于东北地区东部山地的西缘和松嫩平原的东缘，地处东部低山丘陵向中西部台地平原的过渡地带，地势东高西低、南高北低，相对高度和缓。地形以台地、平原为主，兼有山地、丘陵等地貌形态。长春境内有松花江、饮马河、伊通河、拉林河等主要河流，自东南流向西北，切穿大黑山脉。

长春气候为中温带大陆性季风气候，四季分明，多年平均气温为 4.6℃，降水量为 567mm，蒸发量为 1000mm。市域大部分地区位于东北平原的黑土带上，土壤肥沃，地势平坦，土壤有机质含量较高，具备发展农业的有利条件。矿产资源和森林资源较丰富，其中石灰岩、膨润土、珍珠岩和沸石等经济价值较高的非金属矿产资源分布集中，储量居全省首位。生物资源丰富，从植物资源看，长春市属于长白植物区系和蒙古植物区系，并有过渡的特点，兼有东部山区森林植被和西部平原草原植被及其过渡型森林草原植被。从动物资源看，长春陆生动物资源属东北区长白山地亚区的吉林哈尔岭落叶阔叶林动物省，松辽平原亚区的长白山前台地疏林草地、农田动物省和松嫩平原草甸草原动物省。按资源类别可分为毛皮、羽用、肉用、药用和观赏性动物资源。

3）社会经济概况

从 20 世纪 90 年代开始，长春的经济一直保持着较高的增长速度，按当年值计算，1990 年—1995 年间长春 GDP 平均增长速度接近 30%，1995 年—2003 年间增长速度高于 15%。长春在省域中的地位得到不断提升，占全省经济总量的比例由 1/4 抬升到 1/2。2003 年长春市人均 GDP 与全省人均 GDP 的比值接近 1∶2。

从产业发展角度看，长春的经济增长主要受益于汽车产业的发展。在 20 世纪 90 年代中后期国家大力推进汽车产业的背景下，长春依托雄厚的技术和人才优势以及原有的发展基础，汽车产业一直居于国家领先地位。2003 年，长春市汽车及零部件企业完成工业总产值 1181.7 亿元，约占全市工业总产值的 78%，工业产值同比增长 25.8%。从发展主体来看，长春的经济增长主要得益于两个国家级开发区的发展，二者对长春的带动作用十分显著。

4）环境概况

长春市生态环境质量持续改善，其中空气质量优良率连续 5 年超 340 天。长春市环保部门一直把提高空气质量作为环保工作的重中之重，采取综合防治措施，使城区空气质量不断改善。与"九五"末期比，城区空气中主要污染物可吸入颗粒物同比下降 24%，空气质量优良率达 93.2%，位居东北省会城市首位、全国省会城市领先位置、113 个环保重点城市前列。饮用水源水质达标率始终保持 100%。对石头口门水库、新立城水库两处城市集中式饮用水源地，一级、二级保护区和准保护区实施强化监管和保护，纠正和查处破坏水源地生态环境等违法行为。对全市 52 家企业和重点污染源逐步实施在线监控。深化城区地表水体治理，实施了南湖公园饮水治理工程和伊通河、儿童公园、长春公园、动植物公园、天嘉公园清淤还湖工程；启动了西部串湖水质净化及生态修复工程。城区地表水体按功能已达标，工业废水排放达标率达到 93.7%，重点工业污染源实现全面达标排放。噪声达标区覆盖率达到全国文明城市 A 类标准。积极推进噪声达标区和安静小区创建工作，新创建了经开、高新、富奥噪声达标小区，新增噪声达标区 50.35km^2，噪声达标区覆盖率达 74.2%。生态示范区创建面积占幅员 92.4%。各级环保部门围绕生态城市建设目标，广泛开展绿色创建工作，取得了明显成效。继 2002 年长春市被命名为国家环境保护模范城市后，双阳区和净月经济开发区被命名为国家级生态示范区，玉潭镇被命名为国家首批环境优美乡镇，波罗湖湿地被批准为省级自然保护区。2006 年德惠市又通过国家级生态示范区验收。长春市被列为"全国实施农村小康环保行动计划试点"城市。目前，县（市）区生态示范区在建面积覆盖率达 100%，省级以上建成率达 50%，国家级建成率达 33%，全市生态示范区创建面积达 1.90158 万 km^2，占幅员的 92.4%。

4.1.2 长春市城市化进程

1）市域人口历史演变

自 1800 年 7 月 8 日由清嘉庆朝安官设治以来，长春人口逐年增多，人口来源以移民为主。到清末宣统三年（1911 年）时，长春府有 59.1 万人，榆树有 42.3 万人，农安有 43.2 万人，德惠有 32.8 万人，双阳有 23.3 万人。1931 年“九一八”事变前，长春县有 47.8 万人，榆树县有 50.2 万人，农安县有 31.8 万人，德惠县有 37.6 万人，双阳县有 24.7 万人。新中国成立后，1953 年第一次人口普查时，长春市有 316.3 万人，其中市区有 72.2 万人。2003 年末，长春市共有 207.2 万户，718.2 万人。其中：男性人口 365.0 万人，占人口总数的 50.8%，女性人口 353.2 万人，占人口总数的 49.2%。市区人口为 310.0 万人，占全市总人口数的 43.2%；县（市）人口为 408.2 万人，占全市总人口数的 56.8%。非农业人口 313.1 万人，占人口总数的 43.6%；农业人口 405.2 万人，占人口总数的 56.4%。人口密度为 348 人/km^2，市区中南关区人口密度最高，为 2388 人/km^2，农安县人口密度最低，只有 206 人/km^2。

根据长春市多年人口资料，长春市域人口增长趋势呈现以下 3 个趋势。

（1）人口自然增长已越过高峰期。

30 年来，长春市出现两次人口自然增长高峰期。1966 年～1971 年人口自然增长高峰期；1989 年—1995 年人口自然增长高峰期。1995 年～2003 年，人口再生产已进入低出生、低死亡的时期，年平均自然增长率稳定在 4%～5%。

（2）中心城区人口机械增长迅速。

改革开放以来，市域人口持续向中心城区集聚，而其他县市人口机械增长处于负增长状态。

（3）非农业人口与经济发展关系密切。

2）城市化道路

1990 年长春市农业、非农业人口比例为 1.74∶1，城市化水平为 36.48%，到 2003 年农业、非农业人口比例为 1.29∶1，城市化水平为 43.60%。从图 4-1 中可以看出，1990 年—2003 年长春市城市化水平呈逐年上升趋势。2003 年长春市城市化水平高于全国平均水平，但低于世界平均水平约 5%，低于中等收入国家近 20%，低于高收入发达国家近 30%，因此，长春市城市化尚需快速发展。

一个地区的城镇化道路的选择取决于该地区特定的自然、社会、经济、文化和制度条件，从长春发展的历史脉络、现状产业特征和面临的宏观背景来看，长春农村城镇化必须走集中城镇化道路，工业发展向中心城区、县城及重点镇倾斜，以此吸引乡村地域人口向中心城区、县城和重点镇集聚，走上离土又离乡的城镇化发展道路。适度扩张中心城市规模，进一步促进新型产业向中心城区集聚，优化中心城区的空间结构，加快对外围地域城镇的辐射和带动。积极培育县市中心城镇，引导人口与产业向县市中心城镇集聚。通过产业集群培育、产业结构升级，增强县市中心城镇的聚集能力。策应中心城区的产业导向，加强各县市域中心城镇的产业分工。对小城镇进行整合，走集中城镇化道路。择优培育重点镇，整合非农业人口规模小于2000人的建制镇，缩减小城镇的数量，扩大小城镇规模，培育乡村地域的经济增长。

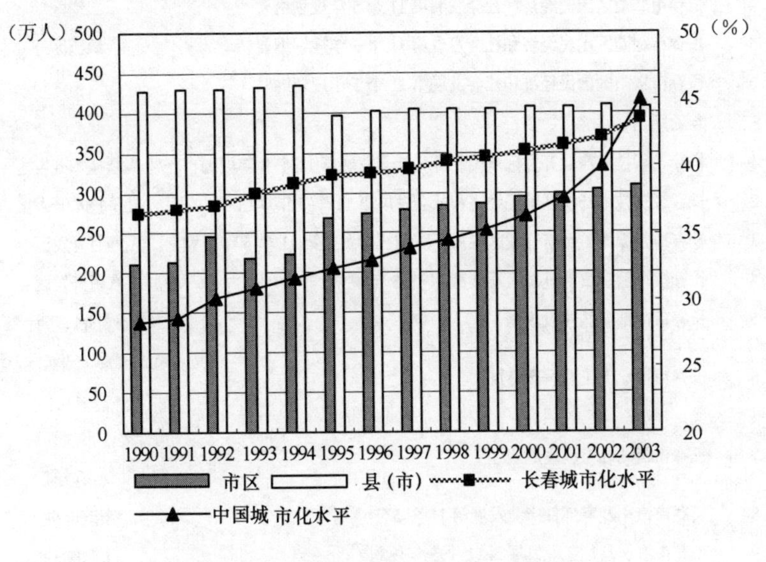

图4-1　长春城市人口、城市化水平变化

4.2　长春市城市化战略筛选与分析

4.2.1　长春城市化相关政策、计划、规划

长春市近期城市化相关政策有国家“振兴东北老工业基地”的宏观战略策略、《吉林省国民经济和社会发展“十五”计划纲要》、《吉林省城镇体

系规划（1996～2010）》和长春市相关规划，见表4-1。

表4-1 长春市相关发展规划

序号	规划体系及内容	部门
一	总体规划 长春市国民经济和社会发展第11个5年规划纲要	市计委
二	市（区）规划	
1	长春市朝阳区国民经济和社会发展第11个5年规划纲要	朝阳区
2	长春市南关区国民经济和社会发展第11个5年规划纲要	南关区
3	长春市宽城区国民经济和社会发展第11个5年规划纲要	宽城区
4	长春市二道区国民经济和社会发展第11个5年规划纲要	二道区
5	长春市绿园区国民经济和社会发展第11个5年规划纲要	绿园区
6	长春市双阳区国民经济和社会发展第11个5年规划纲要	双阳区
三	专项规划	
1	长春高新技术产业开发区国民经济和社会发展第11个5年规划	高新技术开发区
2	长春经济技术开发区国民经济和社会发展第11个5年规划	经济技术开发区
3	长春净月潭旅游经济开发区国民经济和社会发展第11个5年规划	净月开发区
4	长春汽车经济贸易开发区发展第11个5年规划	汽贸开发区
5	长春市南部新城建设规划	市规划局、市计委
6	长春市铁北老工业区改造规划	市经贸委、宽城区、绿园区
7	长春市机场临空区发展规划	市计委、市规划局、九台市政府
8	长春市汽车及零部件产业发展第11个5年规划	市汽车办
9	长春市农产品加工业发展第11个5年规划	市农副办
10	长春市光电信息业发展第11个5年规划	市信息产业局
11	长春市生物与医药产业发展第11个5年规划	市药监局
12	长春市农村经济发展第11个5年规划	市农委
13	长春市畜牧业发展第11个5年规划	市牧业局
14	长春市林业发展第11个5年规划	市林业局
15	长春市水利发展第11个5年规划	市水利局
16	长春市固定资产投资第11个5年规划	市计委
17	长春市科学技术发展第11个5年规划	市科技局

（续）

序号	规划体系及内容	部　门
18	长春市对外贸易发展第11个5年规划	市外经贸局
19	长春市财政事业发展第11个5年规划	市财政局
20	长春市城市建设发展第11个5年规划	市建委
21	长春市城镇化第11个5年规划	市计委
22	长春市土地利用与保护第11个5年规划	市国土局
23	长春市环境保护第11个5年规划	市环保局
24	长春市交通网络建设第11个5年规划	市计委、交通局、轻轨集团、公交集团
25	长春市能源结构调整第11个5年规划	市计委
26	长春市生态建设第11个5年规划	市计委
27	长春市城市供热专项规划	市房地局、市规划局、市环保局
28	长春市社会事业发展第11个5年规划	市计委
29	长春市教育事业发展第11个5年规划	市教育局
30	长春市卫生发展第11个5年规划	市卫生局
31	长春市文化事业发展第11个5年规划	市文化局
32	长春市体育事业发展第11个5年规划	市体育局
33	长春市人口与计划生育第11个5年规划	市计生委
34	长春市服务业发展第11个5年规划	市计委
35	长春市旅游业发展第11个5年规划	市旅游局
36	长春市金融业发展第11个5年规划	市金融办
37	长春市民营经济发展第11个5年规划	市民营办
38	长春市经济社会信息化第11个5年规划	市信息产业局
39	长春市人才战略第11个5年规划	市人事局
40	长春市劳动和社会保障事业发展第11个5年规划	市劳动和社会保障局
41	长春市物流业发展第11个5年规划	市计委
42	长春市人民防空建设第11个5年规划	市人防办
43	长春市社区发展第11个5年规划	市民政局
44	长春市农村剩余劳动力转移第11个5年规划	市农委
45	长春市电网建设第11个5年规划	市供电公司
四	城市规划 长春城市规划	市规划局

4.2.2 战略筛选

长春市不同年代城市规划如下：

1985 版确定的城市性质：长春市是吉林省省会，是全省政治、经济、文化中心，是以汽车等机械制造业和轻工业为主的工业和科学教育城市。

1996 版确定的城市性质：长春市是吉林省省会，全国重要的汽车工业、农产品加工业基地和科教文贸城市。

2004 版确定的城市性质：长春市是吉林省省会，东北地区中心城市之一，全国重要的以汽车工业和农产品加工业为主的加工制造业基地和科教文中心城市。

1996 版城市总体规划实施以来起到了积极的指导作用，按规划进行的城市道路和基础设施建设为各项城市经济活动提供了支撑和保障，合理引导了城市的发展；在“解密外疏”的思想得到部分实现，城市开发建设重点逐渐转向城市外围区域，城市边缘地区得到快速发展，市级新中心建设开始启动；旧城改造速度逐渐加快，城市居住环境得到明显改善。

然而随着城市的快速发展，空间演变的轨迹超出和偏离规划预期，1996 版总体规划有效性逐渐减弱，很难再继续指导城市的发展，主要体现在以下几个方面：

（1）城市规模方面。中心城区城市用地规模突破规划预期。截至 2003 年年底，中心城区建成区人口规模已经达到 245.1 万人，建设用地达到 238.9km^2，用地规模已经大大突破 2010 年的规划指标，人口规模也达到预期指标。

（2）用地增量方面。城市、区、镇建设用地增长不均。其中，中心城区东南、西南方向发展已突破原规划边界，而中心城区北部、双阳区、其他城镇发展相对缓慢，未达到规划预期。

（3）空间结构方面。“多中心、分散组团”的空间结构没有较好地实现。城市中心职能不断加强，仍呈现出集中团块状发展态势，而外围城镇组团发展不均衡，除净月团发展比较迅速外，原规划确定的富锋、兴隆组团几乎为停滞状态。

（4）区域协调方面。与东北区域中心城市尚未建立和谐统一的竞争与合作关系。省域内长吉一体化进程缓慢，难以带动中部城镇群协调共进；市域内各县（市）、镇之间分工协作体系仍不完善，规划区范围内城乡二元结构仍没有实现根本性转变。

新一轮《城市总体规划（2004—2020）》

规划范围：本轮城市总体规划的市域城镇体系为长春市域，包括南关、宽城、朝阳、二道、绿园、双阳6个城区，九台、榆树、农安、德惠4县（市）及75个建制镇。市域总面积为20571km^2，总人口为718.2万，非农业人口为313.1万。

城镇化战略：适度扩张中心城区规模，促进新型产业与功能向中心城区集聚与传统产业的向外转移，优化中心城区的空间结构，加快对外围城镇的辐射及带动作用；培育县（市）中心城市，引导人口与产业向县（市）中心城市集聚。整合非农业人口规模小于2000人的建制镇，缩减小城镇的数量。

市域人口与城镇化水平预测：规划期市域人口与城镇化率为：到2010年长春市域总人口达到800万左右，非农业人口为432万左右，城镇化率占54%左右。到2020年长春市域总人口达到900万左右，非农业人口为585万左右，城镇化率占65%左右。

空间结构规划：市域城镇体系为“十字形双轴”的空间结构。南北向的哈大城镇发展轴为主要城镇发展轴，该发展轴以哈大铁路、高速公路、102国道为依托，形成人口、经济、城镇的聚合轴。沿线分布着中心城区、德惠城区以及米沙子、五棵树、菜园子等镇区。通过该轴长春可向南北两线连接沈阳、大连、哈尔滨等东北中心城市；东西向的九台-农安城镇发展轴为次要城镇发展轴，该发展轴以长农铁路、长白（长春至白城）高速、长农公路等构成的复合交通走廊，以及由长吉铁路、长吉高速、长吉北线构成的复合交通走廊为依托。沿线城镇主要包括中心城区、九台城区、农安城区以及龙家堡、卡伦、兰家、合隆、哈拉海等镇区。通过该轴，长春可向东西两翼辐射吉林市、松原市等地区，见图4-2。

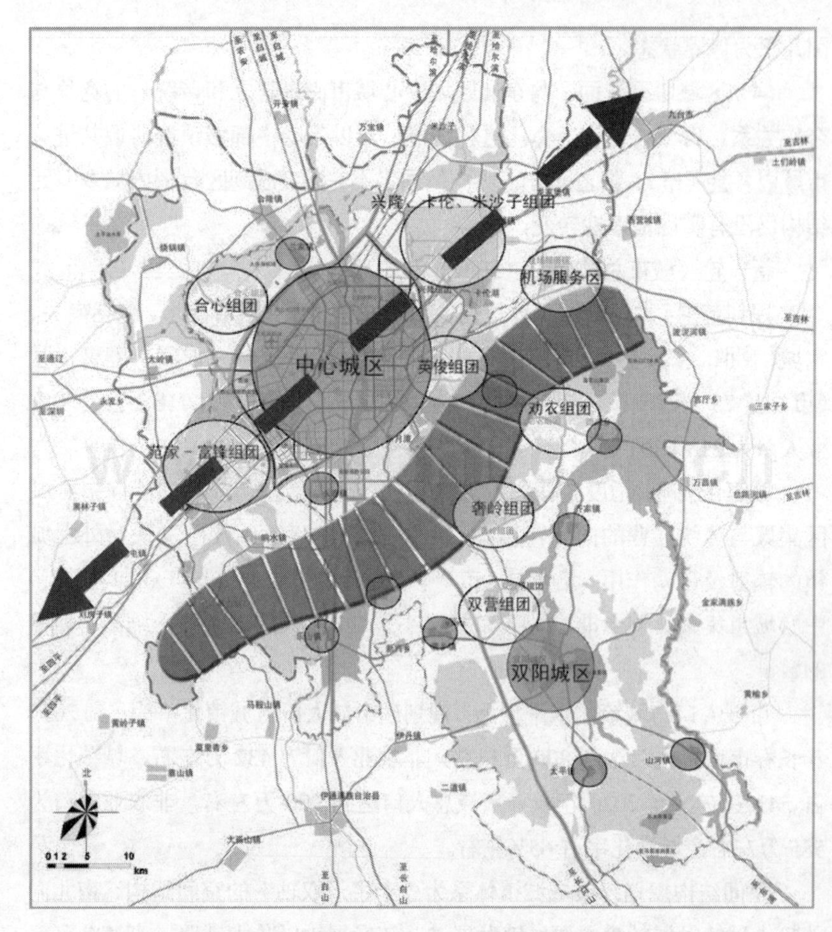

图 4-2　长春市空间结构规划（2004～2020）（引自长春市总体规划）

4.3　长春市城市化战略环境影响识别

4.3.1　长春市背景状况调查

1）经济背景

（1）经济总量。

长春市是吉林省省会，处于区域中心位置，是吉林省重要的经济中心和交通枢纽。2005 年全市地区生产总值由 1980 年的 34.1 亿元增加到 1675

亿元，26 年平均增长 14.2%。其中从时间序列来看，“六五”期间平均增长 14.1%，“七五”期间平均增长 15.3%，“八五”期间平均增长 17.3%，“九五”期间平均增长 13.1%，“十五”期间平均增长 13%；从产业构成来看，第一产业 25 年平均增长 7.8%，第二产业平均增长 16.7%，第三产业平均增长 14.5%。经过 20 世纪 80 年代以来的 5 个五年计划时期的建设发展，长春国内生产总值达到了每 5 年翻一番的奋斗目标，在吉林省下辖 9 个地级市中，长春市经济总量超过全省的 1/2，吉林市经济总量约占 1/5，其他 7 个市（州）均不足 1/10，见图 4-3。全社会固定资产投资由 1980 年的 4.0 亿元增加到 2005 年的 650.4 亿元，26 年平均增长 128.3%。全口径财政收入达到 184.8 亿元，比 1980 年 4.2 亿元增长 44 倍，26 年平均增长 122.1%。社会消费品零售总额 600 亿元，比 1980 年的 16.6 亿元增长 36.1 倍，26 年平均增长 127.8%。从总体上看，经过 20 多年的奋斗，长春市经济实力明显提升，城乡面貌得到很大改善，工业化基础日益雄厚，现代文明程度不断提高，人民生活水平日益增高，这些都为未来的发展奠定了良好的基础。

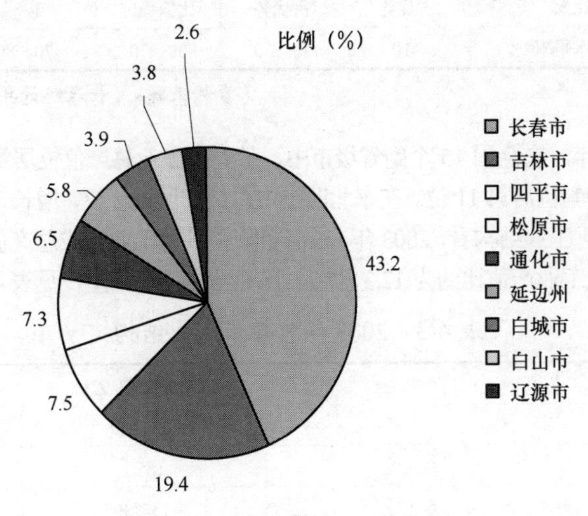

图 4-3　吉林省城市国内生产总值比例

（2）产业结构。

2004 年长春市城市化水平达到 44.5%，三次产业比例为 11∶48.3∶40.7，第二产业已成为全市的支柱产业，且第二产业已稳居三大产业首位多年，第一产业在总量增长的情况下比例趋于下降，第三产业已占 40%以上，但短期内不易超过第二产业。根据钱纳里的经济发展阶段的划分标准，长春市各项指标已达到工业化中期甚至后工业化时期的发展水平，见表4-2。但从工业发展的历程来看，长春市经济系统并不是依托地方资源赋存和比较优势建立的，而是计划经济体制背景下国家投资的产物。“一五”、“二五”期间国家在向长春市投资建设了大量重工业项目，使得长春在轻工业没有充分发育的情况下，直接进入以重工业为主的发展阶段。因此，长春市工业化是一个不完整的进程，仍然肩负着工业化的重任。从产业结构看，多年来长春市第二产业一直处于主导地位，也说明长春尚未进入后工业化发展阶段。综上所述，长春市经济发展仍处于工业化中期初始发展阶段，还有较长的工业化发展的过程。

表4-2 长春市经济发展阶段指标分析

项　目	工业化初期	工业化中期	工业化后期	后工业化时期	长春
人均GDP/美元	1240～2480	2480～4960	4960～9300	9300～14880	2260
轻工业占工业总产值比/%	轻工业占优势	重工业占优势	轻重工业比例稳定		12
城市化水平/%	<10	10～30	30～70	70～80	43.6

（资料来源：《长春统计年鉴2004》）

2003年，在全国15个副省级市中，长春市工业总产值位居第8位，工业总产值增幅位居第11位。在东北四市中总量位居第2位，增长速度位居第1位。从轻重工业结构看，2003年，长春市规模以上工业完成总产值达1511.5亿元，轻重工业产值比约为12.3∶87.7，工业结构明显偏重，见表4-3。

表4-3 2003年长春市工业结构

项　目	行　业	工业总产值/亿元	比例/%
总计		1511.5	100.0
工业结构	轻工业	185.7	12.3
	重工业	1325.8	87.7
所有制	国有及国有控股企业	1258.6	83.3
	其中大中型企业	1221.0	80.8
企业规模	大中型企业	1373.1	90.8
	小型企业	138.4	9.2

（数据来源：《长春统计年鉴2004》）

长春市汽车产业优势显著，经过 50 年的建设、调整、发展，已初步形成以围绕一汽集团整车生产为核心，以摩托车、改装车、零部件配套、汽车物流、会展贸易、教育研发等比较完善的产业链条。长春市拥有各类汽车制造业和专业化汽车零部件生产企业 266 家，其中：整车企业两家，6 大类车型，600 多个品种；零部件企业 247 家，生产 2400 多个品种。全行业职工 14.3 万人，固定资产净值 89.6 亿元。目前，长春市已初步形成了汽车及零部件、食品、光电子信息和生物与医药四大支柱产业。2003 年四大支柱产业完成工业总产值 1355.1 亿元，约占全市工业总产值的比例达到 89.7%。长春市工业各部门总产值比例与区位商见图 4-4。

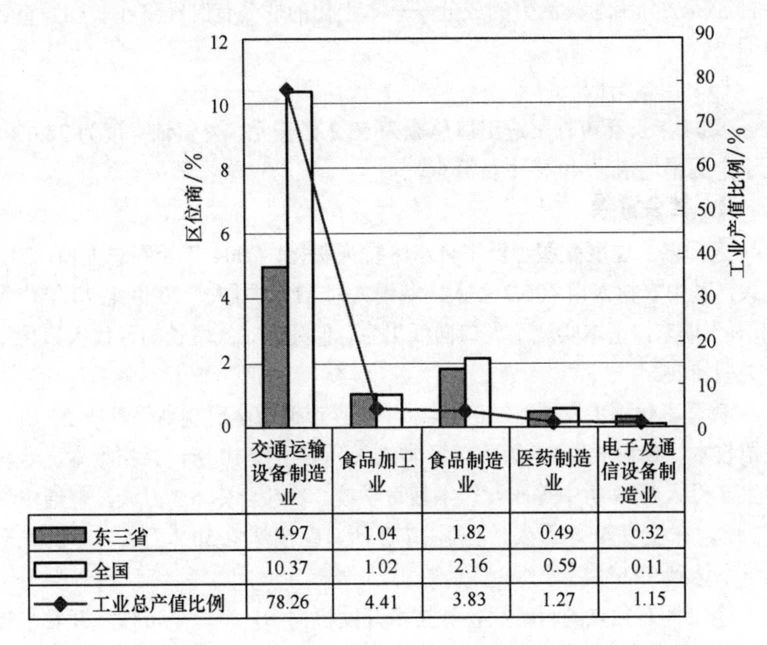

	交通运输设备制造业	食品加工业	食品制造业	医药制造业	电子及通信设备制造业
东三省	4.97	1.04	1.82	0.49	0.32
全国	10.37	1.02	2.16	0.59	0.11
工业总产值比例	78.26	4.41	3.83	1.27	1.15

图 4-4　长春市各部分工业产值比重与区位商

1994—2003 年食品制造业增长速度最快，平均增长率达到 37.4%，标志着该产业正在逐步成长为长春市的另一主导产业。此外，电子及通信设备制造业和医药制造业增长也比较迅速，可作为潜在的主导产业进行培育。

（3）就业结构。

2004 年长春市从业人员 376.1 万人。其中，第一产业从业人员 134.3 万人，占全市的 35.7%，居三大产业从业人员首位（居 15 个副省级城市首位）；第二产业从业人员 90.7 万人，占全市的 24.1%，第三产业从业人员 151.1 万人，占全市的 40.2%。在岗职工平均货币工资 15722 元，比上年增长 13.4%。

（4）所有制结构。

国有经济仍然占据主导地位，2004 年长春市国有及国有控股企业约占全市工业总产值的 83.3%，其中大中型企业产值比例达到 80.8%。按企业规模划分，大中型企业产值比例达到 90.8%，而小企业产值比例仅有 9.2%。全市规模以上工业总产值中，外商及港澳台投资企业占 46.9%，国有、集体企业占 39.6%和 2.1%，民营经济和股份制经济比例很小。从根本上讲，各种经济成分中最具活力的成分——本土化的非公有制经济在长春发育还很弱小。

（5）出口结构。

2004 年长春市外贸进出口总额为 53.2 亿美元，外贸依存度为 28.6%，低于全国平均水平 40 多个百分点。

2）社会背景

人口增长速度减缓，低生育水平特征明显。2004 年长春总人口 724.1 万人，其中农村人口 406.2 万人，城镇人口 317.9 万人。20 世纪 70 年代到“十五”期末，基本实现了人口向低出生、低死亡、低增长的现代人口再生产类型转变。

教育事业稳步发展。2004 年末，长春市拥有全日制高等院校 27 所，共招收本、专科学生 7.8 万人，各类成人高等学校 10 所，共招收本、专科学生 5 万人。53 所中等职业技术教育学校，在校学生 5.3 万人。普通中学 377 所，在校生 46.6 万人，小学 1772 所，在校学生 50.2 万人。学龄儿童入学率达到 99.9%。

全市拥有独立的科研和各类技术开发机构 97 个，全市技术开发、咨询、转让等服务机构发展到 2555 户，科教资源在东北地区形成了科教人才高地，可持续发展具有相当的智力保障。科技教育的快速发展，使得市民素质不断提高，科技创新能力明显增强。

3）资源背景

（1）土地资源。

长春市中心城区城市用地增长快且具有良好的经济效益。1996 年—2003 年长春市城市用地的增长是在城市经济快速发展的基础上实现的，城市建设用地的地均 GDP 从 3.14 亿元/km^2 大幅提高到 5.56 亿元/km^2，城市土地利用的经济效益不断提高。从东北三省 4 个副省级城市建设用地地均 GDP 比较数据看，长春的地均 GDP 效益最高为 5.03，高于其他 3 个城市，也高于全国 30 万人口以上城市的平均水平，1997—2003 年地均 GDP 增长近 1 倍，已经赶上本地区产出效益一直最高的沈阳市，也说明长春市近几年来用地效益呈现逐渐集约优化的趋势。1997—2004 年长春市每增加亿元 GDP 占用土地 12.32hm^2（1hm^2=10^4m^2），低于全国平均水平和全省 14.2hm^2 的水平，说明新增建设用地土地利用程度很高，每增加 1hm^2 建设用地 GDP 产出是 811.58 万元，是全国新增建设用地每公顷 GDP 平均产出 358 万元的 2 倍以上，高于吉林省 704.23 万元的水平，说明规划实施以来长春市的地均 GDP 具有非常突出的经济效益，新增建设用地集约利用程度相对较高。

到 2004 年末，长春市实有基本农田保护面积为 117.75 万公顷，保护率达到 87.2%，实现规划保护面积保持不变的目标，规划实施期间基本农田保护面积保持稳定。根据长春市现行规划，2010 年耕地增加量为 15734 hm^2。到 2004 年末，土地开发整理增加耕地总量为 7011.6hm^2，完成规划确定的补充耕地目标的 45.3%，保证了耕地占补平衡的需要。

（2）水资源。

长春市域境内共有 222 条河流，其中集水面积在 1000km^2 左右的河流有 10 条，大于 200km^2 的河流有 206 条，小于 200km^2 的河流有 6 条，分属于第二松花江、饮马河、拉林河 3 个水系。受东高西低地形大势的影响，除闭流区河流外，境内的沐石河、饮马河、伊通河、双阳河、雾开河、新开河等均由东向西排列，流向东北，先后注入第二松花江，构成了长春特有的南源北流的水系格局。长春市是全国 50 个严重缺水的城市之一，由于水资源紧缺，供水设施严重不足，已经不同程度地影响了人民生活和经济发展。未来一段时期，要进一步提高水的忧患意识，采取切实可行的措施，保证国民经济和社会发展持续、快速、健康发展。

长春市属中温带大陆性季风气候区，多年平均降水量为 565mm。降水时空分布不均，从空间上看，由东南向西北递减，从时间上看，汛期降水量占 80%。全市水资源总量为 27.46 亿 m^3，其中地表水资源量为 13.26 亿立方米，地下水资源量为 16.36 亿立方米，重复计算量为 2.16 亿立方米。全市人均占有水资源量 382m^3，为全省人均占有水资源量 1528m^3 的 25%，为全国人均占有水资源量 2304m^3 的 17%。耕地亩均占有水资源量为 169m^3，为全省的27%，全国的12%，属于极度缺水和生态缺水地区。

（3）能源。

2004年长春市一次能源消费量为1000万吨标准煤（折算量），其中煤炭占总耗能的 80%以上，天然气占 2%，在能源的终端消费中对煤炭的消费占主要部分。其余为石油及其他能源。2004 年，在 1000 万吨的标准煤消费中，其中91.7%是由市内工业企业消费的，折合金额42.87亿元，占长春市 GDP 总量的2.73%。

从总体上来看，吉林省为能源短缺省份，自然能源、化石能源匮乏，与此同时长春市又是吉林省的经济和用能中心，长春市能源自给率低，煤炭消费量大，是一个绝对的能源输入型城市，并且大都以跨省长途输入的方式为主，对外区域的依存度逐年加大。电力供应主要是火电，随着工业化和城镇化速度的不断加快，将会出现能源紧张局面。

4）环境背景

通过加强对重点污染企业、城市供热污染物排放的治理，工业污染防治能力不断增强。2004年全市工业废气处理率、工业废水处理率和工业固体废弃物综合治理率分别达到85.53%、84%和97%。水污染防治工作得到强化。北郊39万吨污水处理厂建成投入使用，污水二级集中处理能力由“九五”末期的6%提高到17%，生活垃圾无害化处理率达到83.5%。饮用水源水质达标率达100%。全年空气质量基本达到国家二级标准。

通过实施“蓝天计划”，清理取缔露天烧烤，限期治理不合格锅炉，积极推广使用清洁燃料，加大机动车尾气污染治理，大气污染得到有效控制。2004年末，城市综合气化率达到99%以上，热化率达85%，每年减少烟尘排放量约 3200 万吨，市区空气总悬浮颗粒物（TSP）年日均值为 13μg/m^3，大气环境逐年好转。

生态建设进程加快。通过加强农田林网建设和三北防护林建设，实施环城绿化带、净月潭生态林、伊通河治理等工程，市域森林覆盖率达到14.2%，人均公共绿地面积由“九五”末期的7m^{2}增加到“十五”期末的8m^2。

4.3.2 长春市城市化战略环境影响发生机理及影响因子识别

1）社会、经济系统

多年来，长春市一直是由相对发达的特大都市工业经济和传统的农村经济组成，二元结构十分突出，经济和社会发展存在诸多问题和矛盾：经济总量偏小，波幅较大，反映出经济系统运行缺乏稳健的体制和机制支撑；结构性矛盾突出，增长基础脆弱，经济运行质量和效益不高；工业增长以汽车为主，新兴的主导产业和新产品成长缓慢，市场竞争力较弱。三次产业结构不尽协调。产业结构不够合理、层次较低，产业相关性差、发展不尽协调。2004 年，三次产业比例为 11∶48.3∶40.7，第三产业发展相对滞后，与中心城市的服务功能承载力不对称，三次产业间缺乏有效的市场关联，影响经济持续稳定和经济增长质量的提高。城乡就业面临国有企业减员分流、农村剩余劳动力转移、新增劳动力等多重压力，农民和城镇部分居民收入增长缓慢；政府职能还不完全适应发展市场经济的要求。其中，经济结构性矛盾是制约长春可持续发展系统平稳运行的主要障碍。

长春市目前存在着就业需求不足，城乡居民收入差距拉大，乡村居民生活水平提升缓慢，农村地区文化事业、医疗事业退步。长春市社会系统运行中比较突出的地域主要集中在市区北部老工业基地，以及广大的乡村地域。城市下岗人口和乡村人口已成为市域内弱势群体。长春市的人口结构存在比例失衡的趋向。就年龄结构来看，2004 年 65 岁及以上占总人口的比例超过 10%（国际通行临界点是 7%），表明长春将面临严峻的人口老龄化所带来的困境；就性别结构来看，2004 年（男∶女）为 52.13∶47.87，性别比例存在失调的趋势；从就业状况（就业与待业比例）来看，待业人口占比较高，就业压力较大。人口老龄化、失业及城市贫困问题日趋严重，社会保障体系建设面临较大挑战。

2）资源系统

用地空间结构欠合理。主要体现在还有一定数量的工业企业分布在城市中心区，一方面造成市区工业发展用地紧张，工业用地与其他性质的用地混杂，工业用地与第三产业、城市建设等其他用地相互挤占的矛盾；另一方面由于工业企业的存在，对市区内的生活配套设施形成了较大的压力，加重了市区供水、供电、供气、供热和环境卫生的负荷。

土地集约利用程度不均衡。城区土地容积率差异比较大，容积率最高的是南关区，为 1.47。最低的是二道区，只有 0.43。最高的是最低的 3.4 倍。不同区域的土地容积率之间的明显差异，说明市区土地集约利用程度不均衡。

此外，还存在城市建设和经济发展用地不足和城乡结合部土地利用效率低等问题。

水资源形势严峻。长春市人均水资源量在382m^3以下，亩均水资源量仅为169m^3，居民生活用水、工农业生产用水、生态用水均严重短缺。

农村水资源利用率偏低，水的配置不合理。随着农业经济发展和种植业结构调整，水资源配置的矛盾日益突出，效果不十分明显的水稻消耗了大量的水资源，水稻每年耗费的水资源量为12.8亿立方米，占农业生产用水总量的95%。水资源浪费严重。

长春市周边能源匮乏以及基础设施落后同社会经济快速发展不相适应。近年来，随着区域间物资交流的扩大，运输瓶颈凸现出来，进一步加大了煤炭等物资能源的供需矛盾。在能源消费中依然存在着能源浪费，如燃煤工业中小锅炉问题、居民企事业单位建筑节能问题等，群众以及企事业单位对节能和提高能源利用效率的重要意义还认识不够。良好的节能与提高能源供给效率的激励和约束监督措施机制有待进一步建立。国外普遍采用的综合能源规划、地理需求侧管理、合同能源管理、能效标识管理、资源协议等节能新机制在长春市还没有被广泛推行。

3）环境系统

（1）空气质量。

长春市空气环境以燃料燃烧和土壤风沙尘等尘类污染为主，燃煤及土壤风沙尘两项的污染分担率之和占65.9%，空气中首要的污染物是可吸入颗粒物。2003年度二氧化硫年日均值浓度为0.018mg/m^3，全年未出现超标数值；二氧化氮年日均值浓度为 0.029mg/m^3；可吸入颗粒物年日均值为0.098mg/m^3，均达到国家《环境空气质量标准》（GB 3095—1996）二级标准。

（2）河流水质。

长春市地表水环境以机械加工、医药、煤气等行业生产环节排放的工业废水和居民生活污水形成的综合型有机污染为主，城市过境河流污染较重，大部分湖库呈富营养化状态。

伊通河流经中心城区后，由于大量工业废水和生活污水汇入，无论是丰水期还是枯水期直至全年均为劣V类水质，水体污染严重。饮马河、西新开河分别流经规划区东、西两侧，流经中心城区的面积很少，受城市污染程度较轻，整体水质质量较好。新立城水库由于蓄水量相对减少，总磷总氮指标超标，影响水库水质。

（3）声环境。

长春市的声环境以交通运输形成的交通噪声和商业、娱乐经营活动形成的生活噪声为主，区域环境噪声平均等效声级呈逐年下降趋势；2003 年长春市中心城区环境噪声等效声级值为 57.0dB，环境噪声达标区总面积为 102.6km^2，达标区覆盖率为 42.5%。2003 年中心城区道路交通等效声级为 68.4dB，在监测的 43 条主要交通干线中，超标（70dB）路段长度为 33.5km，占交通干线总长度的 27.1%。2003 年，中心城区声源构成中，生活噪声影响最大，占 49.5%；其次是交通噪声，占 40.2%；施工占 3.4%；工业占 1%；其他占 5.9%。

（4）固体废弃物。

长春市固体废弃物主要包括生活垃圾、建筑垃圾和工业固体废弃物，其中工业固体废弃物的产量最大，其次是生活垃圾。工业固体废弃物主要包括粉煤灰、炉渣、煤矸石、化工渣和冶炼废渣等。2003 年长春市工业固体废弃物产生量为 183.11 万吨，全市工业固体废弃物综合利用量为 183.53 万吨，综合利用率为 95.54%；2003 年长春市生活垃圾产生量为 117.3 万吨，生活垃圾无害化处理率为 90%。

（5）环境影响因子存在的问题。

① 大气环境面临煤烟型和机动车尾气污染的双重压力。近年来，长春市区大气总悬浮颗粒物和气溶胶污染加重，造成空气日渐浑浊，沙尘天气增加。机动车尾气污染发展迅速，已成为长春市区十分突出且日益严重的大气污染问题。

② 城市中心区噪声水平居高不下，长期持续，随着长春市机动车流量的迅猛增长，交通噪声污染潜伏着进一步加重的危机。

③ 固体废弃物处理处置落后，污染环境。少部分有毒有害物质进入城市生活垃圾处理系统；同时医疗垃圾处理存在极大隐患，工业固体废弃物未得到有效利用，粉煤灰产生量急剧增加，资源化率很低。

④ 环保基础设施建设滞后。长春市中心城区老城区大部分排水管道已年久失修，管径偏小，排水不畅。部分排水管道存在接口不严的问题，全市污水收集率较低。现有污水厂的处理能力远远不能满足城市发展的需求，同时缺少污水回用工程，造成水资源浪费。

4.4 长春市城市化战略环境影响预测与评价

4.4.1 长春市城市化进程中可持续发展能力评价

针对长春市城市化战略的主要环境影响因子及其作用机制，对长春市城市化不同阶段的可持续发展能力进行评价。

1）指标体系的建立

城市可持续发展是一个多侧面、多层次的复杂问题。可持续发展系统的指标体系是一个由多方面指标组成的复杂体系，其中每一类、每一个指标都具有不同的性质，说明不同的问题，它们之间又相互关联，使得整个指标体系具有多方面的评价和分析功能，见图 4-5。长春市可持续发展系统指标体系应该能够恰当地反映出长春市在经济、社会、资源和环境等各方面的基本状况，并能满足不同时期的分析评价需要。指标体系的建立应满足：一是能够反映经济发展的质量和规模；二是能够反映社会系统运行现状，其中关键是对消除贫困、提高生活质量、控制人口增长等方面作出明确的评价；三是能够重视主要资源类型的开发利用程度以及现有资源丰富程度；四是资源生态环境容量与城市可持续发展能力。

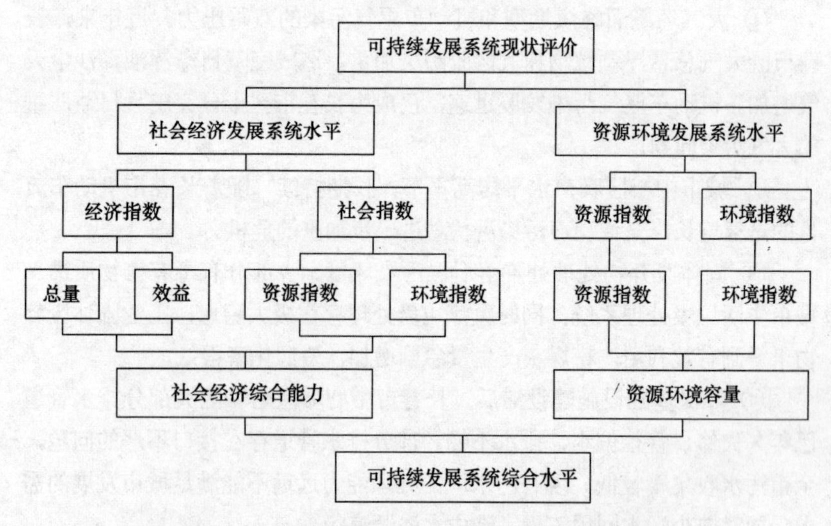

图 4-5 长春市可持续发展系统指标体系构建思路

参照国内外可持续发展指标体系，确定长春市可持续发展指标体系（表 4-4）由经济、社会、人口、资源、环境、科教、减灾防灾 7 个子系统构成，共有 44 个指标（为了增加人口和科教要素的权重，把其从社会子系统中单独列出，在系统内把资源和环境子系统作为基础系统。其中，减灾防灾能力系统指标定性分析，这里对其余 38 个指标采用层次分析法进行评价）。

表 4-4　长春市可持续发展能力评价指标体系

目标层 X	准则层 Y_i	指标层 Y_{ik}	
可持续发展综合能力	经济可持续 Y_1	Y_{11}	人均 GDP（元）
		Y_{12}	人均固定资产投资（元）
		Y_{13}	社会消费品零售额（亿元）
		Y_{14}	第一产业增加值占 GDP 比例（%）
		Y_{15}	第三产业增加值占 GDP 比例（%）
		Y_{16}	工业经济效益综合指数（%）
		Y_{17}	全社会劳动生产率（元/人）
		Y_{18}	人均进出口额（美元）
	社会可持续 Y_2	Y_{21}	城市收入水平（元）
		Y_{22}	人均住房面积（m^2）
		Y_{23}	人均消费水平（元）
		Y_{24}	城市人均道路长度（m）
		Y_{25}	万人拥有医生数（人）
		Y_{26}	百人拥有电话机数（部）
		Y_{27}	电视覆盖率（%）
		Y_{28}	基尼系数
		Y_{29}	恩格尔系数（%）
	人口可持续 Y_3	Y_{31}	人口密度（人/km^2）
		Y_{32}	人口自然增长率（%）
		Y_{33}	老龄人口占总人口的比例（%）
		Y_{34}	城市人口占总人口的比例（%）

（续）

目标层 X	准则层 Y_i	指标层 Y_{ik}	
可持续发展综合能力	人口可持续 Y_3	Y_{35}	贫困人口占总人口的比例（%）
	资源可持续 Y_4	Y_{41}	人均耕地面积（hm^2）
		Y_{42}	人均公共绿地面积（m^2）
		Y_{43}	森林覆盖率（%）
		Y_{44}	自然保护区面积（万 hm^2）
		Y_{45}	万元 GDP 耗能（t 标准煤/万元）
	环境可持续 Y_5	Y_{51}	工业废水排放达标率（%）
		Y_{52}	工业固废综合利用率（%）
		Y_{53}	废气处理率（%）
		Y_{54}	城市区域环境噪声网格达标率（%）
		Y_{55}	“三废”综合利用产品价值（万元）
		Y_{56}	清洁能源占能源消费总量的比例（%）
		Y_{57}	SO_2 排放量（万 t）
	科教可持续 Y_6	Y_{61}	教育经费占 GDP 比例（%）
		Y_{62}	每万人拥有在校大学生数（人）
		Y_{63}	科技投入占财政支出的比例（%）
		Y_{64}	人均工业污染治理使用资金（元）
	减灾防灾能力 Y_7	Y_{71}	减灾防灾投入（元）
		Y_{72}	减灾技术水平
		Y_{73}	地质灾害防治能力
		Y_{74}	气象灾害预警能力
		Y_{75}	农业防灾减灾能力
		Y_{76}	公共防灾减灾宣传

2）评价方法

（1）层次分析法。

层次分析法（Analytical Hierarchy Process，AHP）是美国著名运筹学家、匹兹堡大学教授 T.L.Saaty 于 20 世纪 70 中期提出的。层次分析法是将研究对象分解为不同的组成因素，并把各因素依据隶属关系进一步分解，按目标层、准则层、指标层排列起来，建立一个多目标、多层次的模型，形成有序的递阶层次结构。对同层的各元素进行两两比较，就每一层次的相对重要性予以定量表示，并利用数学方法确定出每一层次各项因素的权值。具体流程如图 4-6 所示。

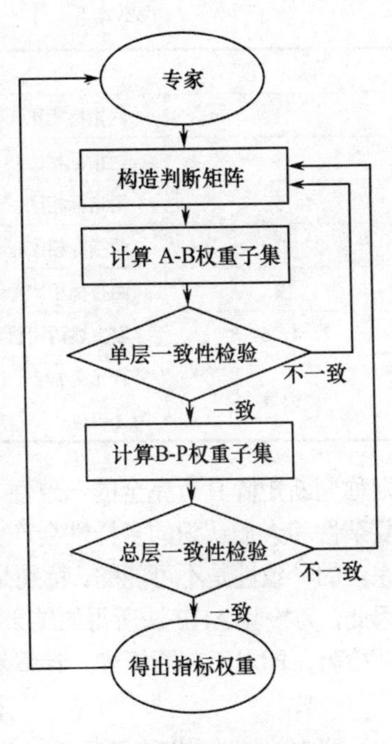

图 4-6　层次分析法流程

（2）指标权重的确定。

① 建立递阶层次结构。根据各因素对可持续发展能力的影响程度，将可持续发展能力测度的层次结构模型分为 3 层。最高层为目标层（X），即城市化的综合水平。中间层为准则层（Y_i，即 Y_1～Y_6），即推进城市化发展的 5 个方面。底层为指标层，即测度城市化综合水平具体考虑的 38 项指标（Y_{ik}，即 Y_{11}～Y_{18}、Y_{21}～Y_{29}、Y_{31}～Y_{35}、Y_{41}～Y_{45}、Y_{51}～Y_{57}、Y_{61}～Y_{64}）。可持续发展能力测度的指标体系如表 4-4 所列。

② 构造判断矩阵。建立层次分析指标体系后，将各层元素两两进行比较，构造出比较判断矩阵，并引入 1，2，3，…，9 及其倒数作为标度将判断定量化（判断矩阵标准度见表 4-5），通过数学运算即可得到各项指标相对于总目标的相对重要性权值，再将各选择指标划分为若干绝对评价数量标准，综合给出绝对数量评价，以供决策。具体指标之间的两两比较，可通过调查访问法、专家咨询法进行并得出结果。

③ 层次单排序和一致性检验。层次单排序是根据判断矩阵计算对于上一层某因素而言，本层次与之有联系因素的重要性次序的权值，这是一个求解判断矩阵的最大特征根及其特征矢量的计算过程。衡量判断矩阵的标准是矩阵中数据是否具有一致性。如果判断矩阵具有下列表达式，即

$$b_{ij}=b_{ik}/b_{jk}\quad i,\ j,\ k=1,\ 2,\ \cdots,\ n \tag{4-1}$$

表 4-5　1~9 级判断矩阵标准度

标　度	含　义
1	两指标相比，具有同等重要程度
3	两指标相比，一个指标比另一个指标稍微重要
5	两指标相比，一个指标比另一个指标明显重要
7	两指标相比，一个指标比另一个指标非常重要
9	两指标相比，一个指标比另一个指标极端重要
2，4，6，8	取上述两相邻判断的中值
倒数	若元素 i 与元素 j 的重要性之比为 A_i，那么元素 j 与元素 i 重要性之比为 $A_j=1/A_i$

则称判断矩阵具有完全的一致性。但在实际评价过程中，由于客观因素的复杂性和人们认识的多样性会产生各种不同看法，要求每个判断矩阵具有完全的一致性是不可能的。特别是对于因素多、层次复杂的问题更是如此。因此，为检验 AHP 法所得的结果是否基本合理，需要对判断矩阵进行一致性检验，即对于判断矩阵，计算满足式（4-2），即

$$\boldsymbol{A\omega}=\lambda_{max}\boldsymbol{\omega} \tag{4-2}$$

式中：$\boldsymbol{A}$ 为判断矩阵；λ_{max} 为矩阵 $\boldsymbol{A}$ 的最大特征值；$\boldsymbol{\omega}$ 为对应于 λ_{max} 的特征矢量。

经归一化处理后，即为同一层相应因素对上一层某因素的相对重要性权重。对于层次单排序的一致性检验，计算偏差一致性指标为

$$\text{CI}=(\lambda_{max}-n)/(n-1) \tag{4-3}$$

当一致性比例 CR=CI/RI<0.1 时，则认为层次单排序结果具有满意的一致性；否则需要调整判断矩阵，使其具有满意的一致性。其中 RI 为定值（表 4-6）。

表 4-6　RI 取值

阶数 n	1	2	3	4	5	6	7	8	9
RI	0.00	0.00	0.58	0.90	1.12	1.24	1.32	1.41	1.45

矩阵的指标数值的确定是通过对专家逐项指标评审（评分）、调研数据以及统计资料进行综合权衡后得出的，评价结果见表 4-8。

④ 层次总排序和一致性检验。计算同一层次所有因素对整个总目标相对重要性的排序权值，称层次总排序。它是用下一层次各个因素的权值

和上一层次因素的组合权值，得到最下层因素相对于整个总目标的相对重要性权值。层次总排序需要从上到下逐层进行。经过计算，综合评估指标权重结果见表 4-7。总排序的一致性计算过程为

$$\mathrm{CR}=\sum_{i=1}^{n}a_i\mathrm{CI}_i\Big/\sum_{i=1}^{n}a_i\mathrm{RI}_i \tag{4-4}$$

表 4-7　可持续发展能力测度指标权重

准则层		Y_1	Y_2	Y_3	Y_4	Y_5	Y_6	各指标相对于总目标的权重
W_i		0.38	0.22	0.15	0.09	0.09	0.07	$w_{ik}=W_i\cdot W_{ik}$
指标层 W_{ik}	Y_{11}	0.27						0.103
	Y_{12}	0.11						0.042
	Y_{13}	0.12						0.046
	Y_{14}	0.10						0.038
	Y_{15}	0.15						0.057
	Y_{16}	0.06						0.023
	Y_{17}	0.12						0.046
	Y_{18}	0.07						0.027
	Y_{21}		0.15					0.033
	Y_{22}		0.10					0.022
	Y_{23}		0.12					0.026
	Y_{24}		0.15					0.033
	Y_{25}		0.10					0.022
	Y_{26}		0.06					0.013
指标层 W_{ik}	Y_{42}				0.20			0.018
	Y_{43}				0.23			0.021
	Y_{44}				0.15			0.014
	Y_{45}				0.17			0.015
	Y_{51}					0.18		0.016
	Y_{52}					0.16		0.014
	Y_{53}					0.18		0.016
	Y_{54}					0.10		0.009
	Y_{55}					0.13		0.012
	Y_{56}					0.10		0.009

（续）

	准则层	Y_1	Y_2	Y_3	Y_4	Y_5	Y_6	各指标相对于总目标的权重
	W_i	0.38	0.22	0.15	0.09	0.09	0.07	$w_{ik}=W_i \cdot W_{ik}$
	Y_{57}					0.15		0.014
	Y_{61}						0.31	0.022
	Y_{62}						0.19	0.013
	Y_{63}						0.33	0.023
	Y_{64}						0.17	0.012
指标	Y_{27}		0.06					0.013
层	Y_{28}		0.12					0.026
W_{ik}	Y_{29}		0.14					0.031
	Y_{31}			0.42				0.063
	Y_{32}			0.25				0.038
	Y_{33}			0.10				0.015
	Y_{34}			0.15				0.023
	Y_{35}			0.08				0.012
	Y_{41}				0.25			0.023

CR=0.076<0.1，即层次总排序通过一致性检验。其中，a_i 为 Y_i 相对于 X 的重要性权值，CI_i 为 Y_{ik} 对 Y_i 单排序的一致性指标，RI_i 为相应的平均随机一致性指标。总排序的结果具有满意的一致性。

（3）原始数据的归一化处理。

可持续发展能力综合评价指标体系中，有的是正指标，数值越大越好；有的是逆指标，数值越小越好，如 Y_{57}。运用线性变换法对指标数据进行处理，即取每个指标最优值 Y_{ik}^*，通过 Y_{ik}^* 对 Y_{ikj} 进行标准化处理，转换为 y_{ikj}，得到对初始数据处理的数值。其中

$$y_{ikj} = Y_{ikj} / Y_{ikj}^* \text{（正指标）}, \quad y_{ikj} = Y_{ikj}^* / Y_{ikj} \text{（逆指标）} \tag{4-5}$$

3）评价结果

长春市城市化不同阶段的可持续发展能力，根据各因素因子数值采用逐层加权求和法计算得到，见表 4-8，发展趋势见图 4-7。公式为

$$p_{ik} = y_{ik} \times w_{ik}\ ;\quad p = \sum_k p_{ik} \tag{4-6}$$

式中，p 为城市可持续发展能力，W_{ik} 为 i 因素下 k 因子相对于总目标的权重；y_{ik} 为 i 因素下 k 因子无量纲化值；p_{ik} 为 i 因素评价指标值。

表 4-8 长春市不同阶段可持续发展能力评价指标

编号	指标	实际值			指标值		
		1995 年	2000 年	2005 年	1995 年	2000 年	2005 年
Y_1	经济可持续				0.1519	0.2503	0.3800
Y_{11}	人均 GDP/元	5415.00	12307.00	22748.00	0.0244	0.0555	0.1026
Y_{12}	人均固定资产投资/元	1629.00	3361.90	6352.70	0.0107	0.0221	0.0418
Y_{13}	社会消费品零售额/亿元	131.80	303.00	600.10	0.0100	0.0230	0.0456
Y_{14}	第一产业增加值占 GDP 比例/%	24.65	14.30	10.70	0.0165	0.0284	0.0380
Y_{15}	第三产业增加值占 GDP 比例/%	34.40	42.40	42.50	0.0461	0.0569	0.0570
Y_{16}	工业经济效益综合指数/%	78.20	83.00	90.00	0.0198	0.0210	0.0228
Y_{17}	全社会劳动生产率/（元/人）	6598.00	9377.00	13001.00	0.0231	0.0329	0.0456
Y_{18}	人均进出口额/美元	26.80	240.30	612.80	0.0012	0.0104	0.0266
Y_2	社会可持续				0.1462	0.1636	0.2122
Y_{21}	城市收入水平/元	3305.00	5568.00	9830.00	0.0111	0.0187	0.0330
Y_{22}	人均住房面积/m^2	7.23	9.53	25.00	0.0064	0.0084	0.0220
Y_{23}	人均消费水平/元	2085.00	3265.00	5403.00	0.0102	0.0160	0.0264
Y_{24}	城市人均道路长度/m	5.33	5.56	6.89	0.0255	0.0266	0.0330
Y_{25}	万人拥有医生数/人	56.90	50.00	47.00	0.0220	0.0193	0.0182
Y_{26}	百人拥有电话机数/部	56.00	60.00	82.10	0.0090	0.0096	0.0132
Y_{27}	电视覆盖率/%	78.00	93.70	100.00	0.0103	0.0124	0.0132
Y_{28}	基尼系数	0.33	0.30	0.28	0.0264	0.0240	0.0224
Y_{29}	恩格尔系数/%	45.10	40.00	37.10	0.0253	0.0286	0.0308
Y_3	人口可持续				0.1352	0.1281	0.1172
Y_{31}	人口密度/（人/m^2）	178.00	186.00	191.00	0.0587	0.0614	0.0630
Y_{32}	人口自然增长率/%	7.61	4.83	1.86	0.0375	0.0238	0.0092
Y_{33}	老龄人口占总人口的比例/%	9.00	9.30	12.80	0.0150	0.0145	0.0105
Y_{34}	城市人口占总人口的比例/%	42.30	45.00	50.00	0.0190	0.0203	0.0225
Y_{35}	贫困人口占总人口的比例/%	7.32	4.40	3.01	0.0049	0.0082	0.0120
Y_4	资源可持续				0.0656	0.0731	0.0900
Y_{41}	人均耕地面积/hm^2	0.15	0.15	0.15	0.0225	0.0225	0.0225
Y_{42}	人均公共绿地面积/m^2	6.00	7.00	8.00	0.0135	0.0158	0.0180

（续）

编号	指　　标	实　际　值			指　标　值		
		1995年	2000年	2005年	1995年	2000年	2005年
Y_{43}	森林覆盖率/%	13.80	14.60	17.60	0.0162	0.0172	0.0207
Y_{44}	自然保护区面积/万 hm^2	15.30	16.40	60.40	0.0034	0.0037	0.0135
Y_{45}	万元 GDP 耗能/（t 标准煤/万元）	3.38	2.40	2.20	0.0100	0.0140	0.0153
Y_5	环境可持续				0.0654	0.0773	0.0900
Y_{51}	工业废水排放达标率/%	71.00	74.70	96.50	0.0119	0.0125	0.0162
Y_{52}	工业固废综合利用率/%	69.00	75.00	98.00	0.0101	0.0110	0.0144
Y_{53}	废气处理率/%	67.00	93.00	98.00	0.0111	0.0154	0.0162
Y_{54}	城市区域环境噪声网格达标率/%	86.10	75.80	90.00	0.0086	0.0076	0.0090
Y_{55}	“三废”综合利用产品价值/万元	6631.80	21804.40	23806.70	0.0033	0.0107	0.0117
Y_{56}	清洁能源占能源消费总量的比例/%	20.10	21.10	25.64	0.0071	0.0074	0.0090
Y_{57}	SO_2 排放量/万吨	5.30	5.60	5.25	0.0134	0.0127	0.0135
Y_6	科教可持续				0.0371	0.0473	0.0700
Y_{61}	教育经费占 GDP 比例/%	1.16	1.16	1.75	0.0144	0.0144	0.0217
Y_{62}	每万人拥有在校大学生数/人	106.40	141.00	360.00	0.0039	0.0052	0.0133
Y_{63}	科技投入占财政支出的比例/%	0.68	0.73	0.90	0.0175	0.0187	0.0231
Y_{64}	人均工业污染治理使用资金/元	1.60	10.85	14.40	0.0013	0.0090	0.0119

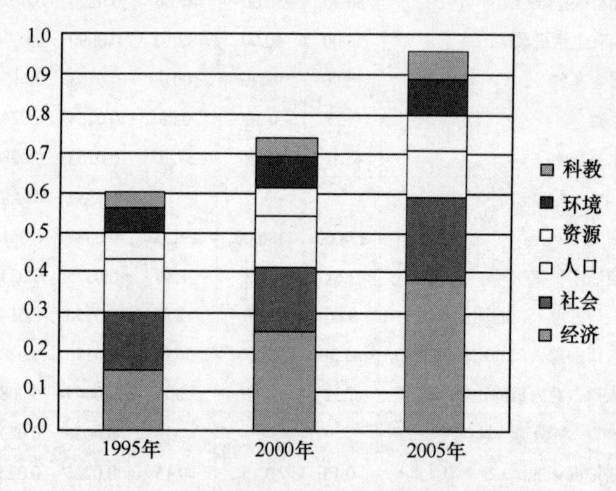

图 4-7　长春市城市化进程中可持续发展能力趋势

从表 4-8 和图 4-7 中可以看出，长春市在其城市化进程中可持续发展能力总体呈现出上升趋势。1995 年—2000 年期间长春市可持续发展能力年变化率为 4.6%，2000 年—2005 年上升到 5.94%，表明长春市在发展过程中对影响自身可持续发展系统的各个要素进行了调整，各单项指标的实现率有很大的提高，从而保证可持续发展能力的上升趋势。其中经济系统可持续发展能力增长最快，10 年间提高 2.5 倍，长春市经济实力明显增强。但产业结构不够合理、层次较低，产业相关性差、发展不尽协调。第三产业的发展相对较慢，工业效益综合指数也需要进一步提高。2000 年—2005 年，长春市加大了经济结构调整的力度，总体上经济实现了持续快速健康发展。从社会子系统看，随着经济的发展，社会稳定度增加，人民生活水平稳步提高。尤其是城市收入增长 3 倍，但城乡居民收入仍存在较大差距，乡村居民生活水平提升缓慢，农村地区文化事业、医疗事业退步。长春市社会系统运行中比较突出的地域主要集中在市区北部老工业基地，以及广大的乡村地域。长春市逐年加大科学教育资金投入，强调技术进步和科技发展对社会经济的促进作用，科教可持续发展能力不断提高。长春市人口可持续能力指标是唯一呈现下降趋势的单项指标体系，主要是由于人口增长较快，人口结构比例失衡，出现老龄化、失业及城市贫困等问题，影响了相应的人口可持续发展能力。从资源和环境子系统看，资源合理开发、利用和环境的保护虽取得了进展，但综合评估值上升的同时也应该注意到在经济快速增长的同时，付出的环境成本和资源消耗也随之增大。从总体上看虽然资源与环境子系统综合评价值呈平稳趋势，但对未来的发展来说，压力较大，任务较重。

4.4.2 长春市城市系统发展预测

1）经济增长预测

经济增长速度是一个城市经济社会发展的核心指标，也是政府和广大群众关注的重点。因此，选用 GDP 作为指标对长春市经济增长情况进行预测。

（1）回归法预测。

通过调查 1985 年—2004 年长春市 GDP 总量的变化趋势，进行回归拟合，得到的预测模型为

GDP（t）$=95.84-6.13t+0.3t^{2.6}$ $t=1$，2，…；置信水平 $a<0.0001$（4-7）

采用该模型预测长春市 GDP 增长趋势，如表 4-9 所列。

表 4-9　长春市 GDP 增长预测（回归法）

年　份	2005	2010	2015	2020
GDP 总值/亿元	1675	3118	5546	8302
GDP 增速/%	13	12.8	10.2	8.1

（2）生产函数预测。

运用生产函数对经济增长进行预测，在柯布—道格拉斯（Cobb-Dauglas）生产函数模型中，考虑的是投资、劳动力、科技进步（仍为外生变量）三要素对经济增长的作用。

柯布—道格拉斯生产函数表达式为

$$Y_t = AK_t^{\alpha} L_t^{\beta} \tag{4-8}$$

式中：Y 为经济产出，本书取 GDP 总量；K 为资本投入，本书取固定资产存量；L 为动力投入，本书取从业人员数量；α 为经济产出的资本投入弹性；β 为经济产出的劳动力投入弹性；A 为反映广义科技进步的全要素生产率 TFP（为外生变量）。

这里采用固定资产存量、从业人员数量来建立长春市生产函数。历年固定资产存量 $K(t)$ 的估算公式为：

$$K(t) = 0.9K(t-1) + I(t) \tag{4-9}$$

即 t 年份的固定资产存量等于上一年固定资产存量折旧后与本年份固定资产投资额 I（t）之和，一般取固定资产年折旧率为 10%。利用长春市历年固定资产投资额计算出历年的固定资产存量。根据 1985—2004 年长春市 GDP、固定资产存量、从业人员数量拟合出的生产函数模型为

$$Y_t = 1.02 \times 10^{-5} K_t^{0.43} L_t^{0.2} \quad \alpha<0.0001 \tag{4-10}$$

采用拟合函数模型对未来经济增长进行预测，需要先依据相关发展规划对未来的固定资产存量和从业人员数量的变化趋势进行测算，然后再用式（4-10）对 GDP 及其增速进行预测，计算结果如表 4-10 所列。

表 4-10　长春市 GDP 增长预测（生产函数法）

年份/年	2005	2010	2015	2020
GDP 总值/亿元	1680	3455	5852	8602
GDP 增速/%	13.1	13	11	8.5

2）人口增长预测

长春市域人口发展受中心城市发展影响较大，改革开放 20 多年来，人口主要流向长春市区，而其他县（市）人口的机械增长处于负增长的状态。这种向中心城市聚集状态，说明人口等要素的空间分布特征与长春市持续发展的时序特征（工业化中期阶段）相适应。长春市的总人口由 1990 年的 637.82 万人增长到 2003 年的 718.20 万人，增加人口 80.38 万，年均递增 9.17%。并且人口与经济发展关系密切，通过对非农业人口与第二、三产业增加值、城市化水平与国内生产总值的相关分析，其相关系数为 0.93 和 0.96，表明城市化水平增长与国内生产总值、非农业人口与第二、三产业增长呈正相关关系。

长春市人口增长水平预测主要依据历年人口和国民经济数据、长春市产业发展战略、长春市城市发展战略方针和长春市区域发展战略。

综合增长率法：通过对区域人口自然增长、机械增长的特征与机制的研究，分析人口增长的变化趋势，考虑我国人口增长变化政策，确定规划期内区域人口增长变化率。

逻辑斯蒂曲线法：考虑经济增长速度以及投资增长对人口机械迁入、迁出的影响，采用时间序列模型，确定系数，得出长春市人口预测的逻辑斯蒂曲线方程为

$$Y = 2.4 \times 10^{-59} t^{18} \tag{4-11}$$

趋势回归模型法：对区域人口与时间序列进行模型分析，建立区域人口趋势线性回归模型进行回归模拟。

经济相关法：从分析影响区域人口增长变化因素入手，根据多年来人口变化与主要影响因素的相互关系，建立分析模型进行预测。

综合预测结果取以上预测方法计算的均值，如表 4-11 所列。

表 4-11　人口预测

预 测 方 法	长春市域总人口/万人	
	2010 年	2020 年
综合增长率法	804.7	905.3
逻辑斯蒂曲线法	826.3	941.4
趋势回归模型法	823.0	903.8
经济相关法	833.3	961.0
均值	821.8	927.9

3）城市用地情况预测

具体内容见6.2节相关部分。

4）环境影响预测

表4-12表明长春市近年来环境系统的发展趋势。从中可以看出长春市大气综合污染指数“十五”期间5年平均值和“九五”比较呈下降趋势，说明空气质量状况有所改善。其中，污染负荷百分比最大值为总悬浮颗粒物，其次为SO_2和NO_2。室内主要河流水质类别近几年无明显变化，污染比较严重，主要污染物是氨氮和COD。长春市生活污水排放量呈显著上升趋势，而工业废水排放量变化趋势不明显。SO_2排放量不断下降，固废综合利用率逐年上升。长春市平均等效声级超过55dB（A），区域声环境受到轻度污染，但逐年呈现出好转趋势。

表4-12　长春市环境系统发展趋势表

环境系统	指标（单位）	2001年	2002年	2003年	2004年	2005年
大气	空气综合污染指数	1.79	1.79	1.36	1.47	1.86
水质	COD/（mg/L）	97.15	70.73	77.99	99.68	58.78
	氨氮/（mg/L）	6.46	7.99	13.79	9.99	13.91
污染源排放	废水/10^4t	16468	24772	23584	24239	27112
	$SO_2/10^4$t	5.59	5.57	5.44	5.35	5.25
	固废综合利用率/%	85.50	91.00	93.00	95.00	98.00
声环境	噪声Leq/dB（A）	57.1	57.0	57.0	56.7	56.4

长春市生态环境系统发展趋势：第一阶段，2004～2010年为控制和改善阶段。环境污染和生态破坏得到有效控制，饮用水源保护区得到全面保护，住区环境质量和城市生态景观有明显改善；第二阶段，2010～2020年为全面提高、步入良性循环阶段。表4-13所列为长春市生态环境发展指标。

表4-13　长春市生态环境发展指标体系

指标	指标名称	现状值	目标值
生态建设	森林覆盖率/%	14	21
	建成区绿化覆盖率/%	38	45
	人均公共绿地面积/m^2	7	12
	受保护地区占国土面积比例/%	6.3	17

（续）

指标	指 标 名 称	现状值	目标值
污染控制	城镇生活垃圾无害化处理率/%	80	100
	城镇生活污水集中处理率/%	65	90
	再生水回用率/%	5	20
	危险废物处置率/%	100	100
	工业固体废物综合利用率/%	75	98
	机动车尾气达标率/%	60	95
环境质量	城市空气质量（好于或等于二级标准的天数）/d	342	360
	城市水功能区水质达标率/%	100	100
	集中式饮用水源水质达标率/%	100	100
	环境噪声达标区覆盖率/%	60	95
生态社会	人均居住面积/m^2	22	25
	生态社区比例/%	30	80
	城市基础设施系统完好率/%	60	80
	环境保护宣传教育普及率/%	80	85
	公众对生态环境满意率/%	80	90

小　结

（1）本章对长春市城市化进程可持续发展能力进行评价，确定的评价指标体系由经济、社会、人口、资源、环境、科教、减灾防灾能力7个子系统构成，共有44个指标；并选用层次分析法对其中38个指标进行定量评价。

（2）长春市在其城市化进程中可持续发展能力总体呈现出上升趋势。1995年—2000年期间长春市可持续发展能力年变化率为4.6%，2000年—2005年上升到5.94%，表明长春市在发展过程中对影响自身可持续发展系统的各个要素进行了调整，各单项指标的实现率有很大的提高。

（3）长春市经济系统可持续发展能力增长最快，10年间提高2.5倍，但存在产业结构不够合理、层次较低，产业相关性差、发展不尽协调等问题。社会、科教子系统可持续发展能力也有所提高。人口可持续能力指标是唯一呈现下降趋势的单项指标体系，主要是由于人口增长较快，人口结构比例失衡，出现老龄化、失业及城市贫困等问题，影响了相应的人口可持续发展能力。从总体上看，虽然资源与环境子系统综合评价值呈平稳趋势，但对未来的发展来说，压力较大，任务较重。

第5章 城市工业生态系统发展战略环境评价

城市工业生态系统的协调发展依赖于社会、经济和环境子系统的合理结构、发展模式及对系统的有效调控。本章将系统动力学方法与灰色系统方法相结合，在建立多级评价指标体系的基础上，采用VENSIM仿真和灰色聚类对长春经济技术开发区现有改造型结合虚拟型工业生态系统规划进行模拟和评价，并确定最优发展方案，在此基础上提出促进城市工业系统生态效率提高的措施和建议。

5.1 城市工业生态系统分析

工业能流和物流是城市生命体新陈代谢过程的核心。工业系统与城市其他子系统彼此关联、相互依存，它们之间的互动关系是城市生命体复杂性的重要体现。工业系统的运行除依赖于高质量的能源、土地、水、矿产和生物等资源，还依赖于交通系统稳定快速的输送。工业系统的产品支撑着整个城市的活动，其代谢废物对城市生态环境的质量有着决定性的影响。工业系统现存的效率低、污染重、浪费大等弊端是城市“病”的主要内容之一。因此，以长春市经济技术开发区生态工业园规划为对象，研究城市化过程中工业生态系统规划环境影响评价。从而探讨能源代谢和产业结构调整对污染物的影响趋势，完成不同发展方案下的工业生态系统预测与效率评价。

5.1.1 研究区域工业群落分析

1）工业群落概况

长春经济技术开发区是1993年4月4日批准的国家级经济技术开发区，核定规划面积为10km^2，2001年被国家权威机构评为“中国十佳优秀开发区”。10 余年来经济开发区经济总量不断扩大，主导产业快速发展。2003 年已建区实现国内生产总值 160 亿元，工业总产值 380 亿元，财政收入 19.02 亿元，进、出口总额 7.33 亿元。长春经济技术开发区在增加经济总量、优化所有制结构、提升工业化水平、促进新老城区一体化等方面对长春市均有着明显的影响。经济技术开发区是我国第一代工业园，发展中存在着资源使用效率低、高污染造成的环境破坏等问题。生态工业园区是工业生态最主要的实践方式，是依据清洁生产要求、循环经济理念和工业生态学原理而设计建立的一种新兴工业区。它通过物流和能流的传递把不同工厂或企业连接起来，使一家企业的废弃物或副产物成为另一家工厂的原料或能源，形成共享资源和互换副产品的工业共生组合，寻求园区内的物质闭路循环、能量多级利用和废物产生最小化。因此，需要依据工业生态学原理对长春经济技术开发区现行工业体系进行“生态结构重组”规划，促进以工业代谢过程为核心的资源高效利用和环境影响最小化。

目前，长春市经济技术开发区已有 26 个国家和地区的 53 家大跨国集团投资兴业。全区累计批准设立企业 3216 户，其中内资企业 2790 户，注册资本 117.4 亿元；“三资”企业 426 户，项目总投资 29 亿美元。从 1995（19.9 亿）年到 2003 年，开发区的工业总产值增长了 18 倍。许多大跨国公司、大企业集团纷纷到开发区安家落户，如美国的百事可乐公司、英国的邦迪公司、德国的爱尔铃公司、意大利的梅罗尼公司、马来西亚的金狮集团及泰国的正大集团等。其中，进区投资的世界 500 强企业已达 19 户。开发区致力于发展汽车零部件、光电信息、生物制药、粮食深加工、新型建筑材料等五大主导产业，其中高新技术项目和高附加值项目占全区工业总产值的 80%以上。

2）主导产业概况

（1）汽车零部件产业。

长春经济开发区现有汽车零部件企业 100 多家，其中，外商投资企业 68 家，产品覆盖了汽车发动机系统、车身系统、电子电器系统、底盘模块、悬架模块、转向系统、环境系统等七大模块，包括发动机、汽车玻璃、车灯、密封件、散热器、转向机、保险杠、客车底盘、电线束、油箱及管路、各种内饰件、仪表板、车用油漆等上千个品种。其中富奥汽车零部件有限公司是一汽集团最大的全资子公司，拥有 7 个全资子公司、8 个合资公司，年产值超过 50 亿元，负责为一汽集团整车生产进行零部件产品就地配货。富奥江森、西门子、蒂森克鲁伯·富奥、巴斯夫德联化工、采埃孚、考泰斯、德尔福派克、杜邦、李尔、圣戈班、邦迪、皮尔金顿、丰田等相继落户开发区，产业聚集效应已经初步显现。

（2）粮食食品深加工产业优势。

长春是全国重要的商品粮基地，每年约有 30 亿千克粮食可作为工业和畜牧业发展资源。座落于开发区的国家玉米研究中心以及农业特产研究所、吉林农业大学、吉林农业科学院等农业科研机构，为长春的粮食产品深加工，提高农产品的科技含量和附加值，提供了强有力的技术支持。开发区现有外商投资的粮食食品深加工企业 55 户，其中大成集团是亚洲最大的玉米加工企业，年加工能力已经达到 120 万吨，变性淀粉、赖氨酸、谷氨酸、高果糖、多元醇等下游产品，大量出口国际市场，价格居高不下，市场前景十分广阔。香港华润生化公司年加工玉米 65 万吨。预计到 2005 年，开发区的玉米加工能力将达到 500 万吨，实现总产值 200 亿元的目标。

（3）光电子信息产业优势。

开发区现有光电子信息企业 45 家，北方彩晶、奥普光电、联信光电、方圆信息、巨龙信息、卓尔信息、华信技术等企业拥有技术开发能力，产品主要有指纹识别系统、车载影音、STN 显示屏、CSTN 显示屏、TFT 液晶显示屏、计算机软件、手机模块、光纤通信元器件、智能运输系统等。

长春在光电子领域的研究开发始终处于全国领先水平，座落于开发区的中国科学院长春光学机械与物理研究所是中国唯一的一家光学研究专业研究所，为中国的“两弹一星”和“神舟”飞船的成功发射做出过突出贡献。吉林大学和长春理工大学等名牌院校，专家学者人才济济，每年还为长春光电子信息产业培养大批科研技术人才，使长春始终保持在该领域处于领先地位。2003 年，国家发展和改革委员会批准在长春建设“长春国家光电子产业基地”。

（4）生物医药产业优势。

吉林省中医中药研究院、吉林大学、吉林农业大学等科研院所在全国都有较高的知名度。长春生物制品研究所是全国六大生物所之一，是东北地区最大的生物制品生产和研发基地。全国 35 个疫苗产品，有 26 个在长春生产；国家批准的 18 个基因产品，长春占 10 个。长春正在科学、合理地开发利用长白山中草药资源，加快“北药”基地的建设步伐，实现中药现代化目标，已初步形成了研发中心、检验检测中心及各种养殖基地。依托长春在生物医药领域较强的科技研发力量，形成了开发区的生物医药产业，这里汇集了亚泰药业、吴太集团、西点药业、大政药业、精优药业等医药企业29家，产品包括多种生物药、中西成药上百种，发展潜力较大。

3）园区内“关键种”的确立

关键种理论是生态学的基本理论，它确定了物种在生态系统中的作用和地位。关键种理论应用于工业生态，就是在设计生态工业园区时，选定关键种企业作为生态工业园的主要种群，构筑企业共生体。在企业群落中，关键种企业使用和传输的物质最多、能量流动的规模最庞大，带动和牵制着其他企业、行业的发展，居于中心地位，也是生态产业“链核”，它对构筑企业共生体、对生态工业园的稳定起着重要作用。长春经济技术开发区内各产业情况分析如表5-1所列。

表5-1　各产业投资强度、产出强度、税收强度统计表

产业	样本数	占地面积	投资总额	占比	2003年销售收入	占比	投资强度	与平均值比较	产出强度	与平均值比较	税收强度	与平均值比较
汽车	14	510199	176112	52%	338900	51%	3452	152%	6643	150%	247	167%
光电	4	184389	48070	14%	108000	16%	2607	115%	5857	132%	42	28%
医药	12	415316	30896	9%	109100	17%	744	33%	2627	59%	112	76%
食品	5	212788	46252	14%	82000	12%	2174	96%	3854	87%	181	122%
其他	5	167318	36718	11%	24500	4%	2195	97%	1464	33%	14	9%
全区平均	40	1490010	338048	100%	662500	100%	2269		4446		148	

从表5-1中可以看出，依据开发区各产业占地面积，投资、产出强度，税收强度，以及各产业产品生产情况，根据关键种理论，可以确定园内关键种为汽车零部件产业、光电信息产业、生物医药产业和食品加工产业。

5.1.2　区内能流、物流现状分析

1）物流分析

工业园内的物流有两种：一种是以产品为结合点的产品链；另一种是以中间副产品或者工艺废弃物为结合点的废物代谢链。目前，长春经济技术开发区内第一种物流典型的有汽车零部件企业直接为汽车产业供货，T公司为两侧的B和C饮料公司提供产品包装容器，A公司为食品加工业提供淀粉等。

除了产品流，工业生态更重要的是以最优的空间和时间形式在成员间的废弃物流动或称为副产品交换，这种交换是行业内部和行业之间的合作与互动。充分利用中间副产品或废弃物是工业生态的研究重点。长春经济开发区各产业的副产品、废物产出见表 5-2。

表 5-2　经济技术开发区副产品产出

产　业	副　产　品
电力工业	粉煤灰、炉渣、余热气、水等
机械工业	加工废屑、边角残余、燃料炉渣、铸造废砂
电器电子	贵金属屑、边角残余、贵金属等
粮食加工	谷壳、糠、有机酸、玉米纤维、玉米胚芽饼等
建筑	碎石、砂、碎砖、碎玻璃、废混凝土等
造纸	植物纤维、废碎木、纸浆废液、涂布废料等

通过对开发区内重点企业进行调查，几乎所有企业都有固体废弃物的产出，具体见表 5-3。首先是炉渣、粉煤灰等燃煤废弃物的产出，燃烧煤的炉渣产出率大约为 30%，目前大多数的企业处理方法是运往砖厂；其次是办公纸张、包装废弃物，一般卖给废品收购站或是垃圾处理厂。原料角料剩余物，由于区内企业分属于各行各业，生产的产品不同，因而原材料也大不相同，主要有塑料、钢材、铝合金、布料等，目前企业的主要做法是出售给个人或小企业或金属回收公司。最后是生产废弃物，包括一些危险废弃物，如制药公司生产的中草药渣有很高的肥料价值，但是目前尚未得到充分利用。

表 5-3　开发区 20 家企业废弃物产出调查表

废弃物类型	废　弃　物	年产量/t	目前的处理方法
燃煤废弃物	炉渣、粉煤灰	1900	运往砖厂
纸类	办公纸张、包装物	29	废品收购站
原料角料	塑料、钢材、铝合金	80	小企业、金属回收公司
工艺废弃物	药渣、次品等	2118	出售或回收
有害废弃物	制药、化工毒物	—	燃烧或集中处置

2）水流分析

开发区内自然水源：①伊通河，属于松花江水系、饮马河支流。开发区内河段长约 4880m，主河道宽 30m～60m，水深 0.5m～2m。②小河沿子河，是伊通河一大支流，流域面积为 108.4km^2，宽度在 20m～30m 之间；③东新开河，伊通河一大支流，在穿过开发区北部后，进入伊通河，河道全长 11.3km，开发区内河道为 3.5km；④鲇鱼沟，位于自由大桥以南，在自由大桥以北 170m 处汇入伊通河，流域面积为 127.78km^2，在开发区内流域面积为 17.8km^2，河道长 6600m；⑤地下水，开发区地下水天然资源量为 13805m^3/d，可开采量为 12356m^3/d，据不完全统计，工业用水开采量为 1130692m^3/d，平均工业用水量为 3098m^3/d，还有较大的开发潜力；⑥降水量，长春市年平均降雨量为 649.09mm。

开发区东接净月潭水库，南邻新立城水库。长春市自来水公司第一水厂和第四水厂在开发区内。区内供水主管径为 1400mm，干线管径为 400mm，给水管线为 80km，排水管线为 18km，每个水厂日供水能力为 25 万 t，形成双水源环状供水系统，辐射整个开发区。

3）能流分析

开发区内现有长春市热电二厂（5 台 35t 蒸汽锅炉）和开发区供热一厂（4 台 40t 高温锅炉）及开发区供热二厂（5 台 40t 高温锅炉），现有采暖供热能力 900 万平方米。经调查的 20 家企业中有 10 家企业采用了集中供热。非集中供热的单位都有炉渣和粉煤灰的产出。

5.2 城市工业生态系统规划

5.2.1 农、副产品深加工业分析与规划

1）物流、能流分析

（1）物流。

开发区内粮食加工业主要产品有变性淀粉、氨基酸、淀粉糖、谷氨酸、多元醇、淀粉纤维、饲料、配合料、浓缩料、预混料添加剂等。食品加工业主要产品有饮料、乳制品和肉制品等。目前，长春经济技术开发区农、副产品深加工产业中以产品为结合点的产品链主要有 T 公司为两侧的 B 和 C 饮料公司提供产品包装容器，A 公司为食品加工业提供淀粉，为 U 肥料

公司提供赖氨酸等。区内的农、副产品加工业主要副产品见表 5-4。

表 5-4　农、副产品加工业、制药业主要产品

企业名称	固定资产/万元	产　品	材　料	材料耗量/t
长春 A 公司		淀粉、淀粉糖、赖氨酸	玉米、豆粕	520000
长春 B 公司	19200		白糖、CO_2	17600
吉林 C 公司	16000	可口可乐	主剂=糖	9212.04
吉林省 D 公司	产值 6400	奶	牛奶	11789
吉林省 E 公司	1138	奶	牛奶、糖、菌	3882
吉林省 F 公司	200	肉制品	猪肉、牛肉	1180
吉林 G 公司	71	肉类		
河北 H 公司		方便面	面粉	7000
吉林省 I 公司超级混合饲料厂	2400	混合饲料 1.22 万吨	混合饲料 1.22 万吨	
长春 J 公司	3287	口服液、注射液	蜂蜜、王浆	1.175
吉林 K 公司	7218	狂犬疫苗	地鼠 4 万只、人白 300kg	
长春 L 公司	4400	胶囊、片剂	中草药	29.95
M 公司	4626	口服液、针	猪脾	4.5
N 公司	2500	注射液、片剂	中药、淀粉	222.18
O 公司				3.67
P 公司	2000			7.5
吉林省 Q 公司		感康片		141

玉米深加工中味精生产、酒精生产、玉米油生产、赖氨酸生产等各个环节关系密切，由玉米及其部分副产品加工成的酒精、塑料、纺织品、聚酯化合物都是环境友好材料。乳品饮料加工过程中排出废水含有大量的乳糖、蛋白质和脂肪，生物需氧量高，油脂更高，厌氧发酵是最佳的处理办法。肉制品加工会产出大量的固体渣滓、碎肉屑、动物毛、骨头等，这些可制成动物饲料。加工过程中的有机副产品可通过厌氧发酵实现再利用，得到沼气和肥料。

（2）水流。

通过对开发区企业进行用水资源调查，可以看出其中 12 个单位的重复

用水率为 79.2%，新鲜水中自来水占 76%，地下水占 24%。A 公司的循环利用率可以达到 97%。农、副产品加工产业部分企业用水情况见表 5-5。

表 5-5　农、副产品加工业部分企业用水情况

企业名称	年用水量/（万 t/a）	自来水/（万 t/a）	地下水/（万 t/a）	重复用水/（万 t/a）	特殊用水级别及用量/（t/a）
A	288	235	52.8	7603.2	二
B	25	9	10	6	二
C	112.3	85	20	75.3	二
R	14	2	6.4	5.6	二，6

2）工业代谢分析

（1）工业废气污染分析。

表 5-6 是开发区农、副产品加工业主要大气污染源的污染物评价。由评价结果可知，A 公司是主要的大气污染源，负荷比占 82.5%。

表 5-6　工业废气污染概况

企业名称	二氧化硫/t	烟尘/t	等标污染负荷（$10^9\times m^3/a$）	负荷比
A	2227.2	2016	21568	0.825
S	5.712	6.91	61.11	0.0023
R	0.08	0.63	2.63	0.0001

注：评价标准 GB 3095—1996 二级日均值 SO_2 为 0.15、烟尘为 0.03。

（2）工业废水污染分析。

其中农、副产品加工业废水排放情况如表 5-7 所列。

表 5-7　废水排放情况

企业名称	COD/t	氨氮/t	等标污染负荷	负荷比
A	127.02	14.01	41	0.54
R	95.17	0	10	0.132
B	83.07	0	8	0.105
S	44.4	1.05	7	0.092

由表 5-7 可以看出，A 公司是主要的废水排放源，负荷比占 11 家企业的 54%，其次是 R、B 和 S 开发集团，它们的负荷比分别为 13.2%、10.5%、9.2%。废水污染物以 COD 为主，其次是氨氮。

3）工业生态链的构建与完善

（1）产品代谢链的构建与完善。

促进园区内部的企业之间进行交换。经济开发区内有大成玉米等化工集团，在生产过程中必然会产出淀粉糖、有机酸等产品，应该可以满足区内食品加工业的需求。在美国，玉米淀粉糖为可口可乐和百事可乐两大集团提供所用甜味剂的 100%和 55%。但是经济技术开发区的饮料公司每年要从广西购买数千吨糖作为生产原料。另外，玉米化工业产出的糠、胚芽饼等废弃物可以成为饲料生产的原料，中间产物淀粉可以作为制药业的原料。发展中药产业，引进大型植物药制造企业，发展现代生物技术产品，见图 5-1。做宽玉米产业链，做好饲料、玉米油项目的招商和推介，强化食品产业集聚效应，以此带动相关产业的发展。

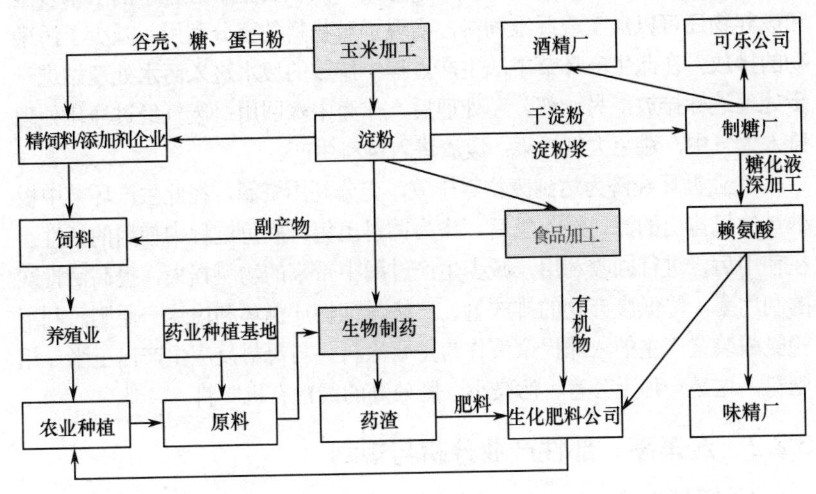

图 5-1　农、副产品加工业产业链

（2）废物代谢链的构建与完善。

构建废水代谢链，与园林绿化公司和市政公司合作，利用企业冲水进行绿地浇灌及道路冲洗。完善固体废弃物代谢链，开展有机工业固体废弃物资源化回收利用。以有机肥为介质，形成第一产业、第二产业和自然环境有机结合的复合工业生态系统。

4）污染物减量及能源利用率提高方案

（1）清洁生产综合分析。

淀粉和淀粉糖生产环节采用了先进的生产工艺和设备，达到了产品收率高、物料流失少，减少了污染物的排放，减轻了污染物处理设施的处理负荷，减少了环境污染。工程的淀粉车间、浸出车间的计算机自动监控系统的使用，大大地提高了原材料的利用率和产品的质量，节能降耗，降低生产成本。

发酵工业是属于高能耗的行业，水、电、气耗用量高，废水排放量大。项目在设计时，不论是从工艺路线还是从设备选型及公用工程能力的确定方面，都充分地贯彻了节约能源、降低消耗、低投入高产出的原则。这不仅能降低产品的成本，减少环境污染，提高产品的竞争能力，也直接提高了企业的经济效益。

（2）企业物质、能量集成分析。

从综合利用物料来看，本项目不仅得到了玉米淀粉，还产生了能够得到较好经济效益的玉米蛋白、玉米油等副产品，其生产过程中的玉米残渣和废弃物还可以加工成纤维饲料，实现了对物料的充分利用，减少了污染物的排放。在此生产环节中，生产过程中排放的废水进入污水处理站进一步处理达标排放，另一部分经处理后，作为中水回用；废气经过净化处理排入大气中，避免大气污染；废渣进入饲料生产。

企业循环经济为达到废物零排放，充分利用资源，在此生产环节中板框过滤机排出的滤饼经收集后，作为饲料出售，脱色过程中使用的活性炭在使用后，进行回收利用，减少生产过程中带来的物料损失，提高活性炭的利用率，降低废弃物的排放量。严格贯彻物质循环利用这一原则，利用赖氨酸装置产生的浓缩提余液作为主要原料，与母料反应生产出玉米专用肥料，这是一种无公害、污染小、肥效高的绿色有机肥料。

5.2.2 汽车零、部件产业分析与规划

1）现状分析

主要产品：汽车散热器；机械循环球转向器、动力转向器、传动轴产品；高弹性冷熟化聚胺酯座椅、软化仪表板；汽车各类紧固件、连接件和非标准件；汽车制动系统、滤清系统、供油系统、照明系统和暖风机；卡车轿车水泵、油泵、气泵；系列车用减振器、中型车翻转机构、手刹车总成；CA142系列和 CA1110 系列钢板弹簧全铝焊接式散热器及暖风散热器；汽车的冷凝

器、蒸发器、暖风系统及空调系统；汽车底盘系统和制动系统等。

汽车零、部件产业主要企业产品物流概况见表5-8。

表5-8　汽车零、部件部分企业主要产品、副产品情况

企业名称	类型	固定资产/万元	产　品	材　料	材料耗量/t
长春a公司		41825	保险杠	改性聚丙烯	1119.0407
长春b公司		9082	钢垫	钢铁类	800
长春c公司	外商投资	12000	毛坯件833t	锌铝合金	500
长春d公司	外商投资	22737	汽车灯具	塑料	800
e公司		产值835	轿车玻璃总成	胶	17.5m^3 0.468
f厂	国有	3013.13	客车底盘		8000辆份
			总成	漆	22
g公司	股份合作	2100	车轮	钢板	5000
				漆	24
				焊丝	20
长春h公司	合资	6000	前灯	汽压板	20
长春i公司		9300	片材、地毯、挡泥板	脂	40
j公司	中日合资	150000	发动机	铝	6627
长春k公司	有限责任	10000	轿车车身	油漆	10
长春l公司		550			

汽车零部件或是机械企业对水无特殊要求，可看作水的二级消费者。大部分企业污水排放经处理后入城市管网。

由表5-9可以看出，汽车零部件企业废水中主要污染物为COD。

表5-9　部分企业废水污染物排放情况

企业名称	COD/t	石油类/t	等标污染负荷	负荷比
c	17.07	0.945	4	0.053
i	5.6	0	1	0.013
m	12.5	0	1	0.013
a	7.65	0	1	0.013
f	3.33	0.2343	1	0.013

j、f企业等采用集中供热，其余企业在采暖、生产过程中排放炉渣和粉煤灰，生产过程中有余热产生。余热是工业企业在生产过程中所消耗的能源未被工艺过程所利用的部分。余热资源的类型很多，有排气余热、冷却介质余热、高温产品和炉渣余热、化学反应余热等。排气余热主要是动力、机械、冶金、化工等行业的各种排气（烟气）余热，这种余热约占余热总资源的一半；冷却介质主要是水、空气、蒸气等，见表5-10。

表5-10　汽车零、部件部分企业废气、废渣排放情况

企业名称	燃料/t	废气/万 m^3	固体废物/t	去向
a		25	渣 120	
b	550		50	砖厂
			边角料 80	废品站
c	4000	6796.8	炉渣 1200	卖
d	1000	10.44	炉渣 200	转卖承包方
e	柴油 6	0.1222		
f			其他渣 17	集中处置厂 12t
g	500		炉渣 200	砖厂
h	1800			
i	6500		粉煤灰 504	售给个体
			炉渣 1660	
			塑料角料	
j	天然气 45 万 m^3			
k	3600	500	煤渣 300	砖厂

2）工业生态链的构建与完善

汽车制造过程主要有设计、制造、新车销售、运行、维护与保养、旧车交易、零配件供应、报废回收、旧车拆卸等环节。这些环节并非是一个“线性链”，而是由多重回路组成的复合的半开放系统。整个制造体系中，存在一个大循环和两个小循环。大循环是指：原材料—汽车及零配件制造—新车销售、运行—旧车报废、回收—拆解—原材料的循环回路；一个小循环是指：制造厂商—新车销售、运行—旧车报废、回收—拆解—再生和梯级利用—制造厂商；另一个小循环是指：零配件供应—保养与维护—汽车运行—旧车报废、拆解再生和梯级利用—零配件供应。在这个过程中有

物质、能量的输入和输出。建立与整车及其零部件拆解、破碎、回收及处理企业间的共生合作关系，构建汽车零件回收的反向物流渠道，逐渐形成较为完善的汽车零部件制造业废物代谢体系，以满足开发区汽车零部件投产后废物代谢的潜在需求。

跨行业工业生态链条的构建与完善：进一步发展汽车电子产品，利用汽车及其零部件制造业之间的产业互动，形成稳定的跨行业产品代谢链条，形成完善的开发区汽车零部件产业工业生态网络，见图 5-2。

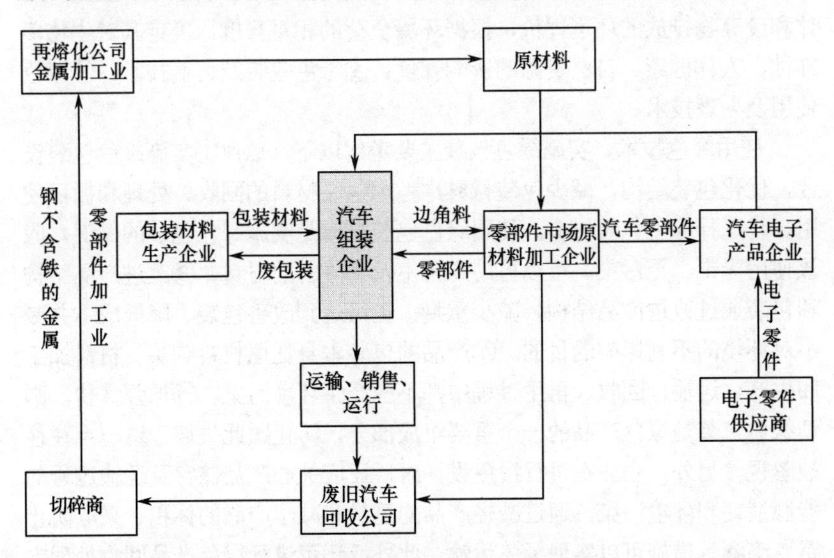

图 5-2　汽车零、部件加工业产业链

3）污染物减量及能源利用率提高方案

（1）根据 3R 原则，挖掘减量化潜力，提高行业的环境管理水平和生态绩效。坚持以产品生命周期环境管理为指导，从原辅材料和能源、技术工艺、设备、过程控制、产品、管理、员工和废弃物等方面，全面开展清洁生产活动。

汽车零部件制造中采用绿色工艺，内容主要：①绿色工艺优化毛坯生产，或采用少或无切屑加工技术，可以减少材料的消耗量，减少切屑；采用干式切削加工，即在加工过程中不用冷却润滑液以减少废液；用新的工艺方法取代传统的喷漆、电镀和热处理等。②绿色设备对于高电磁辐射设备应在结构上增加防护用的屏蔽装置，对于产生高噪声和强振动的设备采取降噪措施和减振、消振措施。③绿色能源尽量使用可再生能源和清洁能源，以减少对自然环境的影响。

绿色制造工艺的实现途径，主要包括：①改变原材料投入，有用副产品的利用，回收产品的再利用以及对原材料的就地再利用，特别是在工艺过程中的循环利用。②改变生产工艺或制造技术，改善工艺控制，改造原有设备，将原材料消耗量、废物产生量、能源消耗、健康与安全风险以及生态的损坏减少到最低程度。③加强对自然资源使用以及空气、土壤、水体和废弃物排放的环境评价，根据环境负荷的相对尺度，确定其对生物多样性、人体健康、自然资源的影响评价。④绿色包装及运输技术。⑤绿色使用及处理技术。

使用绿色技术，实施绿色包装主要考虑以下几点：①实施绿色包装设计，优化包装结构，减少包装材料，考虑包装材料的回收、处理和循环使用。②选择绿色包装材料。使用绿色包装材料是实施绿色包装的关键，应该使用无毒、无污染、可以再用和再生及易降解的材料。③改进产品结构和包装通过改进产品结构，减少重量，也可达到改善包装、降低成本并减小对环境的不利影响的目的。④产品的包装本身在原材料购买、材料加工和生产、运输、回收、再生过程中都不应产生环境污染。⑤加强宣传，强调绿色包装是绿色产品的一个重要组成部分，防止顾此失彼，这一点往往被忽视。另外，企业在进行绿色设计时，还应关心产品储存及运输过程的能源消耗和环境污染，通过减轻产品的重量和减小产品的体积、采取防止跑冒滴漏等措施可以实现绿色运输。此外，还可进行绿色产品回收处理方案的设计。

（2）在经济技术开发区大力发展废旧汽车及其零部件回收公司，如海湾环保科技有限公司（废轮胎处理企业）已经在长春高新技术产业开发区落户，建立资源回收体系。

5.2.3 光、电子信息产业分析与规划

1）现状分析

开发区内光、电信息产业主要副产品为贵金属屑、边角残余、贵金属等。主要产品为高精细度彩色STN、光学玻璃系列、光学镀膜材料、汉字激光照排机、光电测控仪器、车载影音系统、锂离子二次电池、激光调阻机、全（半）自动生化仪、光电编码器及光栅尺系列产品、国防光电子产品、LCD显示产

品以及其他光学精密机械制造产品等，绝大多数产品都具有自主知识产权，产品达到国内领先、国际先进水平。主要企业产品原料见表5-11。

表 5-11　光、电子信息产业部分企业产品及原料概况

企业名称	类型	固定资产/万	产品	材料	材料耗量/t
长春Ⅰ公司	中外合资	48994	液晶显示屏	液晶、玻璃	
吉林Ⅱ公司	国有独资	1000	液晶模块		
吉林Ⅲ公司			液晶显示屏	液晶、玻璃	$3600m^2$

光电子产业主要废弃物及废水排放情况见表5-12。

表 5-12　光电子产业主要废弃物及废水排放

企业名称	燃料	废气/万 Nm^3	固体废物/t	用水量/万 t	自来水/万	地下水/万	重复用水/万	污水排放/万 t	处理/t	污水去向
长春Ⅰ公司	天然气 $557100Nm^3$	2680	25	15.69	15.69		1.2	12		市政管网
吉林Ⅱ公司	天然气 $1880161Nm^3$			628	36		592	1125	66	市政管网
吉林Ⅲ公司	柴油 260	8064		80400	10200	64800	5400	8		城市管网

2）工业生态链的构建与完善

（1）产品链的构建与完善。

在原有基础上，发展和壮大以液晶显示器件为主体、上下游产品协调发展的信息显示产业链。

① 平板显示产业链。要以TN/STN-LCD、TFT-LCD、OLED等显示器件为切入点，向上游扩展玻璃基板、药液、驱动电路、导光板、背光源等产品；向下游扩展液晶电视、液晶显示器、笔记本电脑、PC及其他产品。

② 汽车电子产业链。利用中下游产品的优势，招商上游产品，发展动力传输电子系统、底盘控制系统、视听通信电子系统等产品，面向国内

外汽车企业提供配套产品。重点发展以线控技术、安全气囊、驱动控制、动力转向控制、灯光智能控制、导航控制、车辆形式状态显示等汽车电子技术及产品。

③ 二极管照明光源产业链。从源头的发光外延片及芯片切入，开发白光二极管等高亮度发光器件，向下游扩展各种照明、显示屏等最终产品，见图 5-3。

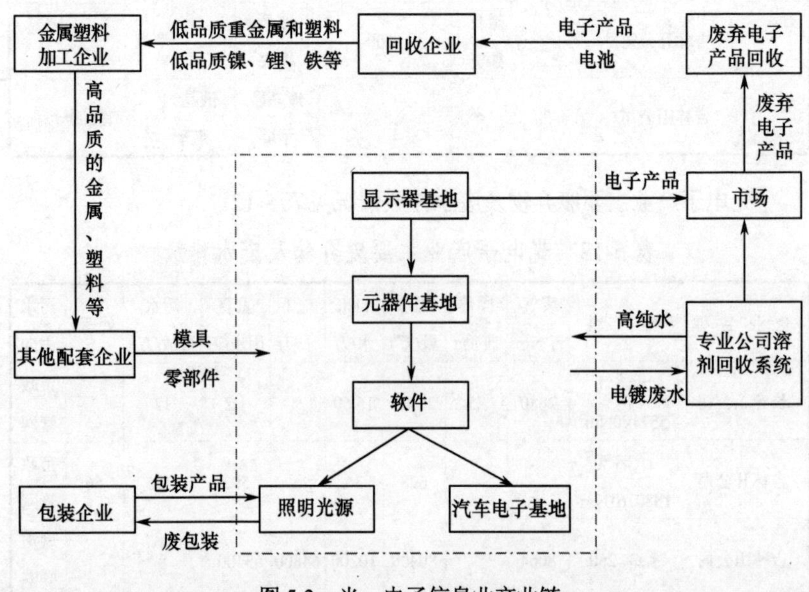

图 5-3 光、电子信息业产业链

（2）产品代谢链的构建与完善。

通过开展电子产品回收项目，启动电子产品反向物流渠道建设，并整合技术资源，建设电子废弃物代谢网络，以实现资源的循环利用。

3）污染物减量及能源利用率提高方案

开展清洁生产，逐步完善产品生命周期管理，积极应对延伸生产者责任等环境法规以及国际市场环境标准的潜在威胁。

5.2.4 工业生态系统优化

在经济技术开发区内以废弃物减量化、再循环利用和废弃物资源化为指导原则，通过在园区企业内和企业间对物质、能量和公用工程进行系统集成，可以实现园区内的物质循环、能量集成利用和信息交换共享，合理布局，构成工业生态链，下游企业利用上游企业的废弃物作原料进行生产，使得园区的污染排放量最小化，同时降低产品的成本，从而很好地体现出园区的生态效益。

1）一体化水资源网络

对于一个生态工业园，水系统的基本目标是最小化对于外部水供给的需求，促进巡回的有效利用，生态友好的雨水管理，以及通过废水管理和水的梯级利用在园区内推动水再利用，并最大限度地减少对环境的负面影响，从而构建一个完善的一体化水资源网络。工业园汇集了众多工业企业而成为耗水大户，同时排放大量污水，常造成地区性水资源紧缺和水环境污染。虽然开发区企业开展了内部节水项目，园区管理部门也通过实行水配额和水宣传活动激发企业节水积极性，但是由于没有从园区层次研究不同企业之间的水再利用、再循环，致使企业间水梯级利用的机会减小，污水得不到恰当处理。开发区年工业用水总量约为 1700 万吨，生活用水、景观用水和其他用水月 280 万吨。因此，需要系统地提高园区层次的水资源利用效率，减少园区新鲜水需求量，并同时减少园区对外界污水排放。

与食物链上的食物具有不同的能级相类似，水也有不同的质量水平。不过，通常情况仅考虑了两种质量水平，即饮用水和废水，而还有许多其他可能的中间水平的水为我们所忽视。如果能将这些不同质量水平的水都予以充分利用，那么将给园区带来可观的效益。开发区内的企业用水可分成 5 个等级：①超纯或极纯水（用于光电子液晶业）；②纯净水除离子水（用于生物制药、食品加工或特别工艺锅炉）；③一般要求的水；④清洗用水（用于清洗汽车、建筑物等）；⑤灌溉用水（用于景观草坪、树木和花草等）。

开发区企业众多，不同产业、不同生产过程对水的质量要求不同。通过分析园区内的水流（水质、水量等），可以模拟自然生态系统建立生态工业园水生态系统的互利共生网络，实现水流的“闭路再循环”，达到水流的最大利用。要求较低的下一级可以使用上一级的出水，或是经过处理后再使用，实现园区水资源的梯级利用。按对水质要求的高低，把工业系统的水消费者分为 3 级，见图 5-4。对废水进行处理的污水处理厂、再生水厂可视作分解者。此外，还应在区内设置进行雨水收集的设施管道系统。

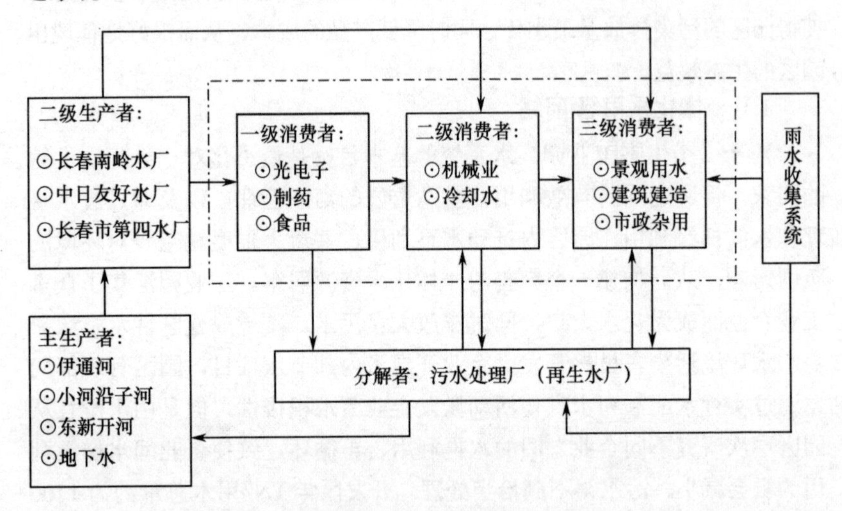

图 5-4 经济技术开发区水资源网络集成框图

2）物质集成

物质集成主要是根据园区总体产业规划，确定成员间的上下游关系，同时还需要根据物质供需方的要求，对物质流动的方向、数量和质量进行调整，以完成工业生态链的构建。

工业生态的物质集成有两个层次：第一个层次是单个生产过程、企业内部注重清洁生产；第二个层次是多个生产过程间的物质集成，企业之间通过彼此的副产物质和能量需求，建立产业链。它研究一个生产过程的废物如何作为其他生产过程的原料，在各生产过程中实现最大程度的利用，达到系统对外废物零排放。“废物”生产企业降低了处理成本，并且出售“废物”获得了一部分经济收益；而购买方以较低的成本获得了来自当地的原材料，实际是找到了替代原料。企业内部的清洁生产是将污染预防战略持续地应用于生产的全过程，通过不断地改善管理和改进工艺以及采用先进的技术，提高资源利用率，减少污染物的产生和排放，以降低对环境和人类的危害。实施清洁生产的核心是从源头抓起，预防为主，对生产全过程进行控制，实现经济效益和生态效益的统一。企业通过实施清洁生产，实现企业内部的物耗、能耗的削减，减少有毒有害化学材料的使用及减少废弃物和污染物的产生，提高资源回收利用，以实现园区的生态管理目标。对于整个园区，要求一定时期内要有相当部分的企业进行清洁生产审计。如农、副产品加工业采用先进的生产工艺和设备，达到了产品收率高、物料流失少，减少了污染物的排放；汽车零、部件加工业根据 3R 原则，挖掘减量化潜力，采用绿色制造工艺；光电子产业逐步完善产品生命周期管理，全面开展清洁生产活动。

对水资源的管理包括建立区内水资源网络，企业层次加强中水回用，将开发区内合流管道改为雨、污分流的排水管道，设立雨水回收系统，回收雨水直接用于绿化、建筑用水或经污水处理厂处理再次使用。

3）能量集成

生态工业园区的能量集成就是对整个系统的能量供求关系进行分析，从全局观点出发，节约能源、改进现有的工艺和设备，进行能量的有效匹配，达到合理利用能量的目标。

在生态工业园区中，不仅单个公司寻求各自的电能、蒸汽或热水等使用方面的更大效率，而且在相互间实施“能量层叠”。能量集成的目的是提高单位能源输入的单位产出，主要途径有热电联产和能源的梯级利用。热电联产同时向园区供电、供热，用燃料产生的能量发电，而产生的热量用于供热，供热使用循环水，进一步减少了发电的热损失。这要求开发区改善热电联产设备、提高生产能力，同时要鼓励区内的企业使用集中供热。能源梯级利用是根据能量品位逐级利用，废热是区内企业未认识到的能源消耗，有加热工序的单位多少都会有废余热量的产生，但是由于数量和产生时间稳定性等因素，短期内很难得到实际有效的利用。这部分热量可能被中小型或是私人小企业使用。

实施工业生态，为减少能源消耗和环境污染，应最大程度地使用可更新能源。可更新能源有太阳能、风能、生物能、水能等，当前最流行的是利用能源发电，如太阳能发电、风力发电、地热能发电、海洋能发电、生物能发电、燃料电池发电等。根据长春经济技术开发区的实际情况，应该致力于太阳能和生物能发电的开发建设。园区内可以设置太阳能收集器，并建设小型垃圾焚烧装置，园区垃圾可以提供生物能发电的原料，同时还解决了垃圾隐患。

4）信息集成

利用先进的信息技术对生态工业园的各种信息进行系统整理，建立完善的信息数据库、计算机网络和电子商务系统，并进行有效的集成，充分发挥信息在园区交流、与外界信息交流、管理和长远发展规划中的多种重要作用，以促进园区内物质循环、能量有效利用、环境与生态协调。信息集成应和园区信息平台紧密集成，将园区管理层面和技术层面有机地结合在一起。将各企业技术层面上的物质（如原料、产品、副产物）、能量和信息变化或外界的有关信息及时通过信息平台反映到管理层面上，管理决策人员可以据此应用园区的数据库、方法库和模型库，及时应对，保证园区顺利建设和正常运行，见图 5-5。

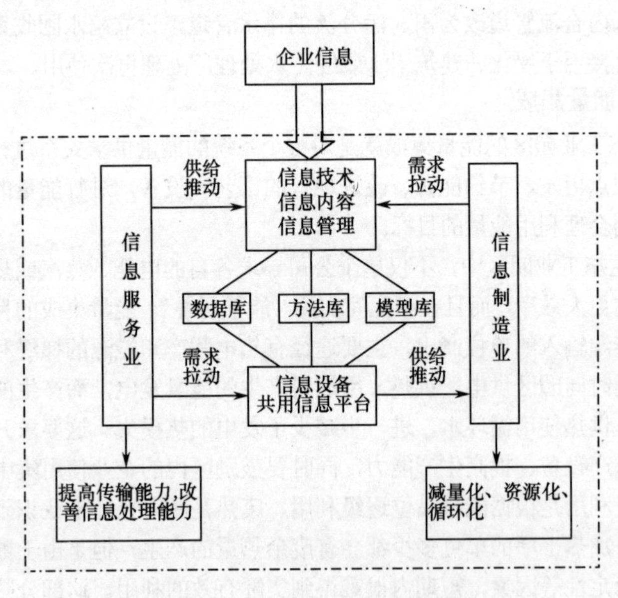

图 5-5　工业园区内信息集成系统

5.3　城市工业生态系统规划环境影响模拟与预测

系统动力学（System Dynamics，SD）集系统论、控制论和计算机仿真技术于一体，能定性与定量地分析研究系统，以结构—功能模拟为其突出特点，它能够处理高阶次、非线性、多重反馈复杂时变系统的问题。通过构造复杂系统的基本结构，建立数学的规范模型，采用 VENSIM 软件仿真，以反映工业生态系统动态行为，并对其不同发展战略进行调控、预测和优化。

5.3.1 城市工业生态系统分析

DYNAMO、PDPLUS、DYSMAP2 是以前进行系统动力学仿真模拟常用的计算机软件工具，但由于在 DOS 环境下运行，图形功能欠佳，用户界面也不适合普遍推广。由美国麻省理工学院在 20 世纪 90 年代中期开发的 VENSIM 软件，在 MS Windows 环境下运行，直观方便，图形功能强，易于阅读和推广使用，在书中采用 VENSIM-PLE 软件进行长春经济技术开发区社会经济与生态环境系统动态仿真模型的构建、控制与情景分析。

将长春市经济技术开发区复杂系统分为社会经济、资源和环境 3 个子系统，各个子系统内部可以根据构成元素的特点和相互关系进一步划分，各子系统间反馈关系如图 5-6 所示。

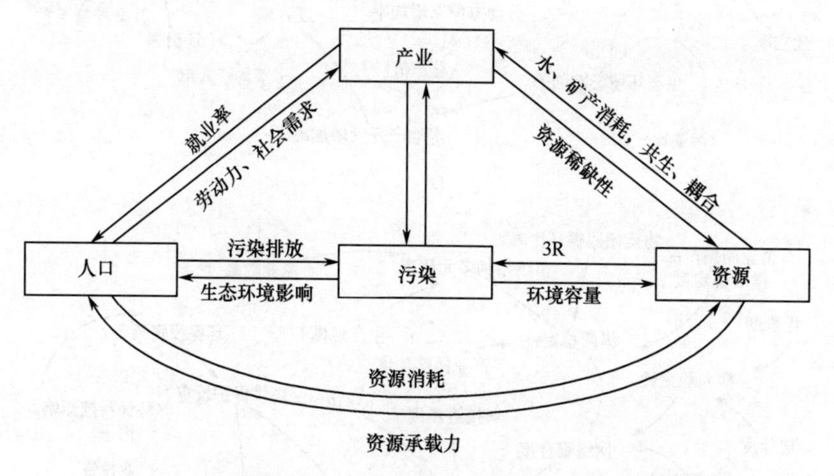

图 5-6 长春市经济技术开发区社会经济、资源和环境子系统反馈关系

系统共设立 124 个指标，分别为 8 个状态变量、14 个速率变量、102 个辅助变量和常量，并建立表函数、延迟函数和平滑函数 7 个，其中状态变量是系统的核心，表示系统在变化过程中某个具体时刻的状态。

1）社会、经济子系统

其主要包括园区总产值和总人口系统变量，见图 5-7。人口子系统通过人口数量和素质影响着园区的发展和资源利用，同时又受制于经济水平和环境质量。人口资源属性通过劳动力与各产业部门连接，直接参与到区域经济变化过程中。经济开发区近年人口增长主要为机械增长，受经济拉动吸引和房地产开发的影响。生态环境因子通过调节人口死亡率和房地产开发率作用于总人口。经济子系统包括园区内五大支柱产业等产业总产值的变化情况。在竞争均衡的条件下，经济增长是资本积累、劳动力增加和

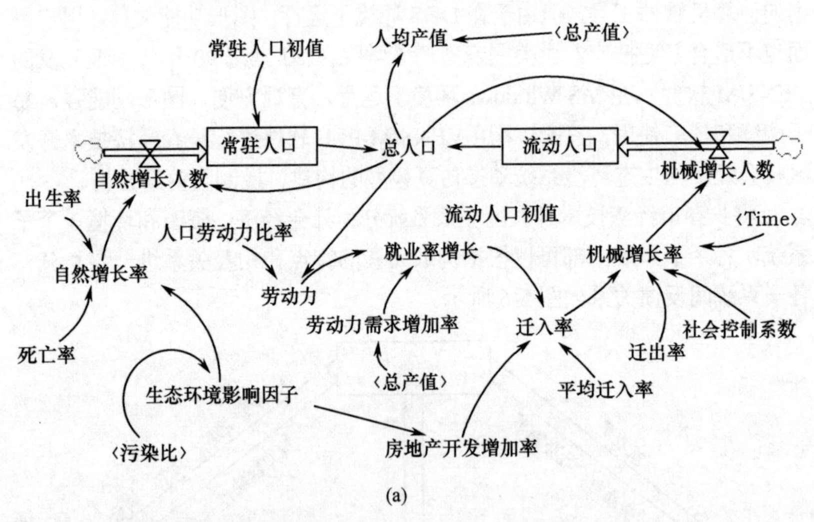

(a)

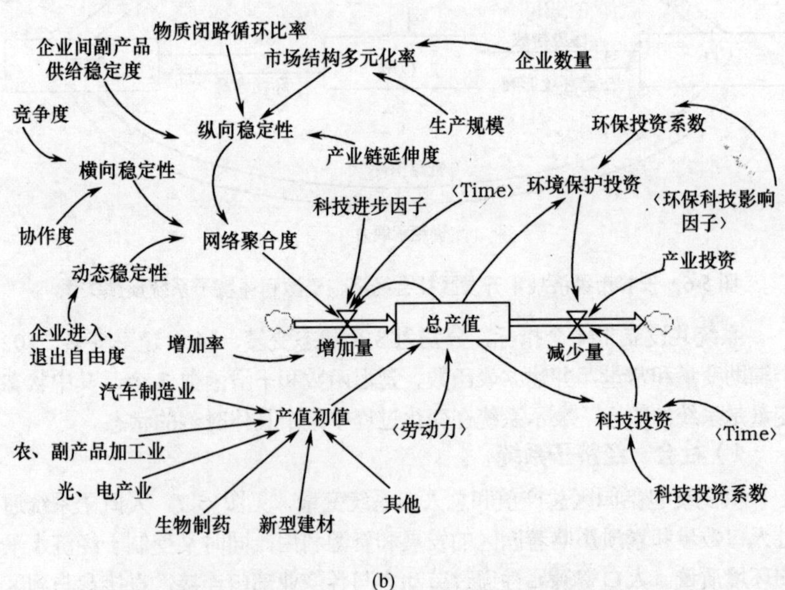

(b)

图 5-7　长春经济技术开发区社会、经济子系统模型仿真

技术变化长期作用的结果。而资本、劳动和技术是在一定产业结构中组织在一起进行生产的，用以下模型衡量产业结构对经济增长的贡献：不同产业结构对生产影响的函数为 $Y=F(X_1, X_2, \cdots, X_k; A)$，其中 Y 为总产出，X_i（$i=1, 2, \cdots, k$）为第 i 产业的产出量，A 表示经济的制度和技术水平。用 β_i 表示第 i 产业的总产出弹性，β_0 表示经济制度变迁、技术进步对产出的贡献。则计量经济模型 $\log y=\beta_0+\beta_1\log X_1+\cdots+\beta_k\log X_k+e$ 可计算各产业对经济增长的贡献。同时，系统又引入工业生态共生网络聚合度概念，它反映工业生态系统中各企业间、生产过程间的相互作用的程度，受产业链纵向、横向和动态稳定性的影响。

① 产业的链延伸会增加整个产业链的脆弱性，为保持稳定运行要求企业间更紧密地合作。

② 经济利益的冲突可能引起共生体内成员企业间的过度竞争，破坏稳定性。

③ 在简单的市场结构下，企业间关系的变动就可能影响共生体的稳定性，而市场结构的多元化，多个上下游企业的存在，可以降低风险，提高共生体运行的稳定性。

④ 当上、下游企业间过度依赖时，某一企业的变动会引发整个产业链的变动，因此，在合作基础上，促进企业间保持一定的独立性，进行科研开发，生产多种产品，同时建立丰富的网络结构，尽可能地共享基础设施，将有利于减少企业风险。

⑤ 进入、退出可以保持共生体的开放性和灵活性，从而优化共生体的结构，使共生体的经济效益提高，并加强这种生产方式的内在动力维持。

经济子系统所要考虑的核心问题是如何在保护资源、环境的前提下发展和扩大工业生产，创造巨大经济效益。

2）资源子系统

资源子系统包括区内水资源和矿产资源子系统，以提高资源利用效率、降低资源消耗速度为调控目标。图 5-8 所示的水资源系统以水资源余量作为状态变量，通过供水量、耗水量等速率变量和辅助变量与其他子系统相连接。构建的水资源共生系统依靠水资源“闭路再循环”网络集成实现梯级利用，并设置雨水收集系统进行调节。开发区内工业生产、采暖等活动大量消耗了矿产资源，模型系统通过调控协调资源量与需求的矛盾促使其合理利用。

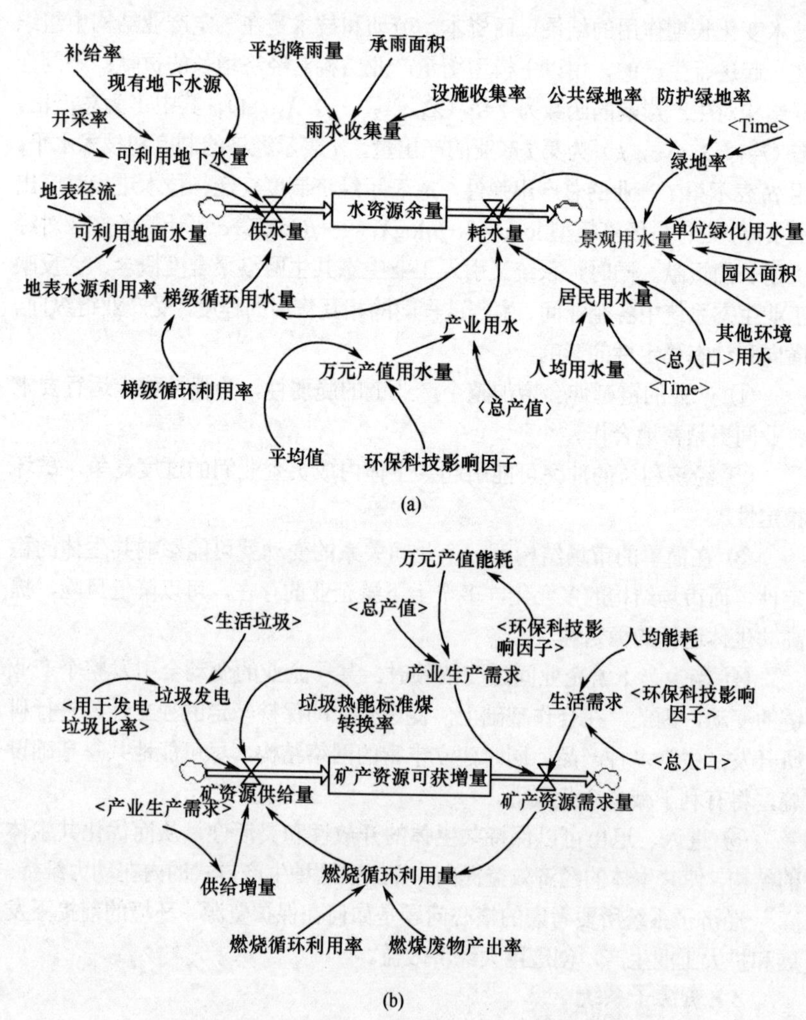

图 5-8 长春经济技术开发区资源子系统模型仿真

3）环境子系统

开发区内居民生活、工业生产等经济活动产生大量的废水、废气和固体废物等污染物将对生态环境的改善产生制约作用。污染比用于衡量工业生态系统废物的产生和处置率情况，对于有多种废弃物的系统，引进各自的权重，用综合的方法得到该指标值。环境子系统模型中设置环保科技影响因子等变量使其与社会经济等系统形成反馈关系，见图 5-9。并通过投入资金、加强科技创新研发和技术改造，清洁生产等手段来降低生产生活对环境的破坏，确保环境、区域和经济的可持续发展。

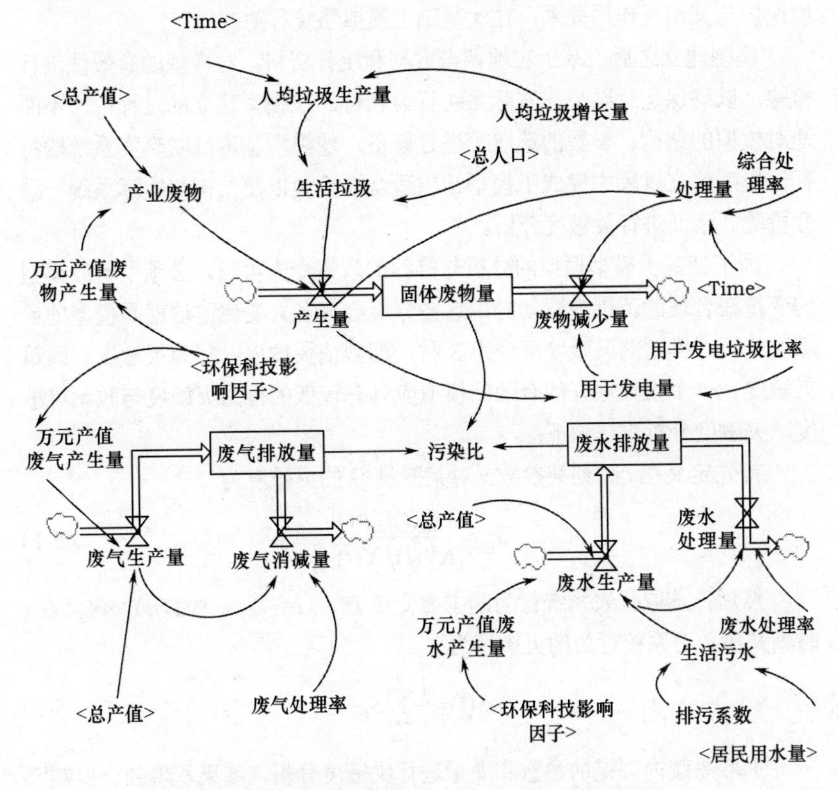

图 5-9 长春经济技术开发区环境子系统模型仿真

5.3.2 城市工业生态系统模型调控与仿真

1）模型调控与检验

模型系统中状态变量用差分方程表示，速度变量和辅助变量之间的定量关系比较复杂，需依据各变量间因果反馈关系建立方程。模型系统时间边界为 2005 年—2020 年，时间步长为 1 年。系统参数平均变化率类利用历史统计资料取均值计算，增长速率类采用回归法确定，部分数据依公式按比例推算。模型选用投资比例、环保科技影响因子、网络聚合度、水梯级循环利用率、燃煤循环利用率、废水处理率、废气处理率作为调控参量，并设置 4 种发展方案：方案 1 为无为方案，方案 2 重点发展经济，方案 3 着重环境保护措施的实施，方案 4 调控经济指标的同时强调科技进步、环境保护与其相互作用关系，在此基础上模拟系统行为。

模型建立之后，基于实地调查数据和统计资料，对模型的有效性进行检验，以确保运行结果与实际系统行为相符。在模型建立的过程中，不断地对模型的结构、参数的选取等进行修正，使模型基本反映真实系统的特征。模型建立过程中完成了模型结构适合性检验以及结构与实际系统一致性检验。下面进行灵敏度分析。

为了使基于模型模拟的分析与推荐的政策令人可信，必须了解当模型的变量在合理的范围内变动时，这些分析会有多大变化，这就是模型的灵敏度分析。模型的灵敏度可分为 3 种，即数值灵敏度、行为灵敏度、政策灵敏度。一个强壮性好的有效的模型应具有较低的行为灵敏度与政策灵敏度。灵敏度分析方法如下：

首先定义在 t 时刻某参数 x 对某变量 Q 的灵敏度为

$$S_Q=\left|\frac{\Delta Q(t)/Q(t)}{\Delta X(t)/X(t)}\right| \tag{5-1}$$

然后，选取代表系统行为的主要变量 Pi，（i=1，2，…，n），定义在 t 时刻某参数对系统行为的灵敏度为

$$S(t)=\frac{1}{n}\sum_{i=1}^{n}S_{P_i} \tag{5-2}$$

选取系统内关键的参数和变量进行灵敏度分析，结果发现社会控制因子对系统的影响比较大，超过 0.1，灵敏度高，其他参数对系统的影响比较小。因此对社会控制因子取值要进一步考核，尽量与真实系统相符。

2）模型仿真结果与分析

系统模拟结果揭示了社会经济子系统、资源子系统和环境子系统之间的互动反馈关系，以及 4 种不同发展方案下园区内总人口、产业总值、水资源余量、矿产资源消耗增量、污染比等指标量值和变化趋势，见表 5-13。

（1）社会经济子系统。

不同发展方案下总人口及产业总产值变化趋势见图 5-10 和图 5-11。

4 种发展方案下区内人口呈现相似的发展趋势：在初期随着经济增长对劳动力的需求增加，较高的机械增长率使得人口增长迅速，在 2020 年达

表 5-13 长春经济技术开发区工业生态系统不同发展战略仿真结果

项目	2005年	2010年				2015年				2020年			
		I	II	III	IV	I	II	III	IV	I	II	III	IV
总人口/×10^4人	10.95	15.19	17.01	13.89	16.51	20.77	25.23	17.56	23.84	25.04	32.79	20.68	29.98
总产值/×10^6元	5.54	7.38	8.54	7.02	8.23	9.42	12.43	9.01	11.97	11.47	17.23	10.82	16.14
废水排放量/×10^7t	0.58	4.05	4.19	2.45	0.92	8.58	10.07	5.13	2.09	14.23	17.44	8.43	3.71
废气排放量/×10^6m^3	0.80	5.57	5.93	3.03	1.22	11.80	14.02	6.35	3.44	19.56	24.25	10.44	6.13
固废排放量/×10^5t	1.70	8.86	9.96	8.52	6.38	14.44	17.72	13.85	10.95	19.15	23.46	17.95	15.02
水资源余量/×10^8t	0.31	1.43	1.21	2.73	3.98	1.78	1.19	4.21	7.37	1.29	-0.92	5.22	10.44
矿产资源消耗增量/×10^6t	0.71	4.97	5.52	4.09	3.96	9.51	11.38	8.52	8.51	16.53	20.31	13.58	14.24

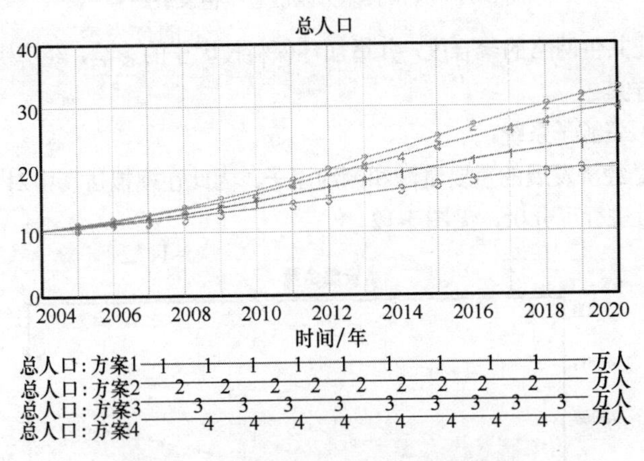

图 5-10 经济开发区总人口发展趋势

32.79 万人，高于经济开发区发展规划预测人数。主要原因是方案 2 强调经济发展，对劳动力的扩大需求产生了强烈的人口吸引作用。方案 3 作用下区内工业发展速度较慢，人口密度较低，生态环境好，适宜居住。方案 4 适度的经济增长和生态环境的改善对居住人口和外来人口均产生吸引作用，总人口数高于方案 1、3。

图 5-11 所示为不同发展方案下的经济增长趋势：由于不同调控方案发展侧重点的不同，经济增长速度和总量从中期逐渐显示出差异，至后期差异增大。2020 年无为方案 1 条件下区内总产值达 1147 万元，方案 3 经济增长速度明显偏低，方案 4 通过加强物质闭路循环、副产品交换等措施加

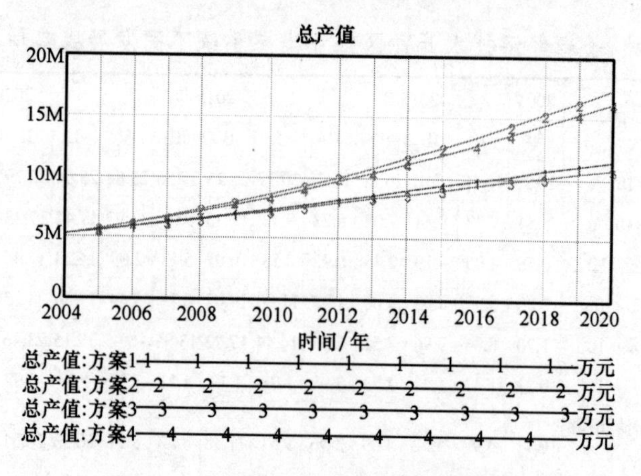

图 5-11　经济技术开发区总产值发展趋势

强了工业共生网络的聚合度，并增加环保科技因子的影响，经济快速发展，仅次于方案 2。

（2）资源子系统。

水是经济发展的重要资源和制约因子，因此在模拟仿真中对水资源供需及余量进行了分析，见图 5-12。

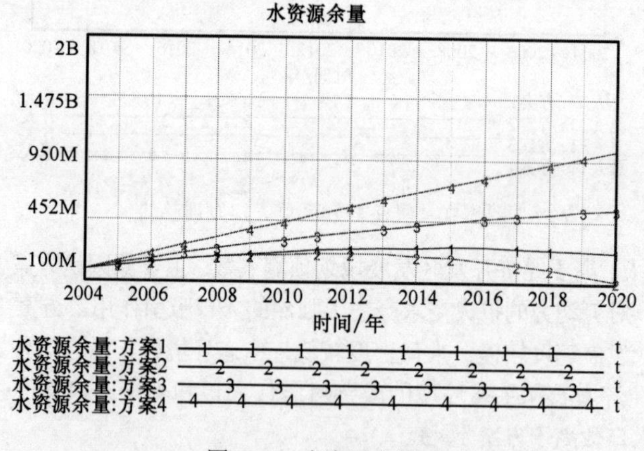

图 5-12　水资源余量图

图 5-12 所示曲线表示可以节约利用的水资源，其中方案 3、4 采用了水资源网络集成等科技环保措施。在保持现有供水能力的情况下，方案 1 随着社会经济的发展水资源余量在 2016 年开始逐渐减少。方案 2 着重发展

经济，耗水量大，从图 5-12 中可以看出，如不改变用水结构，依靠现有供水计划已经不能解决远期供水问题，水资源余量将出现负增长。4 种方案对于矿产资源的消耗增量均逐年增加，见图 5-13，趋势为方案 2 大于方案 1，且均高于方案 3 和方案 4。方案 3 与方案 4 相比较消耗矿产资源增量较小，在 2014 年前方案 3 大于方案 4，2014 年后方案 4 大于方案 3。

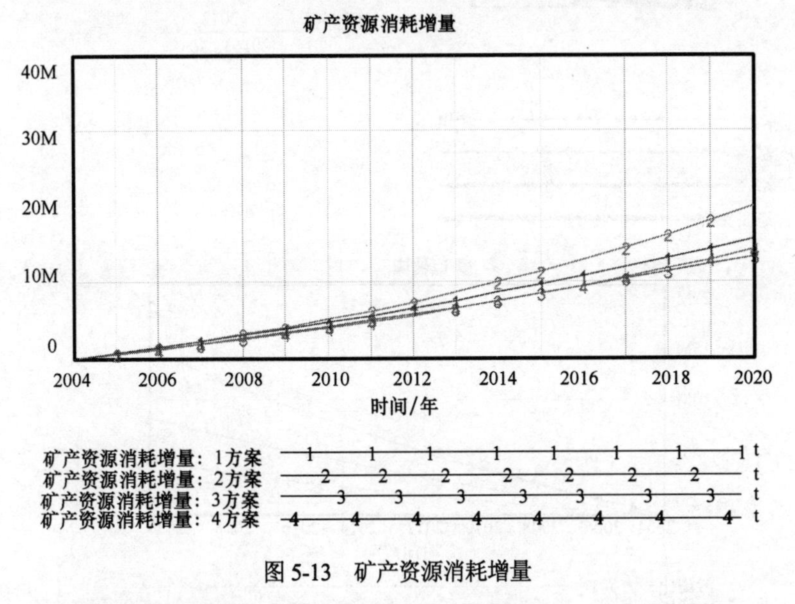

图 5-13 矿产资源消耗增量

(3) 环境子系统。

图 5-14 是不同发展方案下园区内各种废弃物及污染比变化趋势，以 2005 年作为调控基础年。方案 2 条件下各污染物排放量和污染比最高。方案 4 条件下经济的快速增长为生产工艺的改进、环境保护治理提供更好的支持，两者相互促进。固体废物量在发展初期增长较快，与区内设施建设、房地产开发和人口增长相关。中、后期增长速度逐渐变慢。

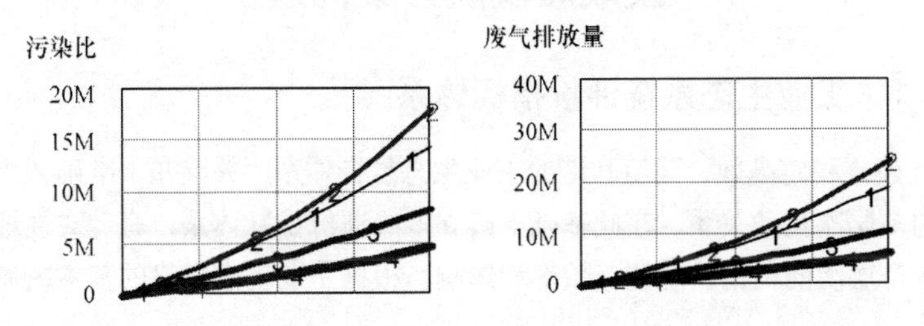

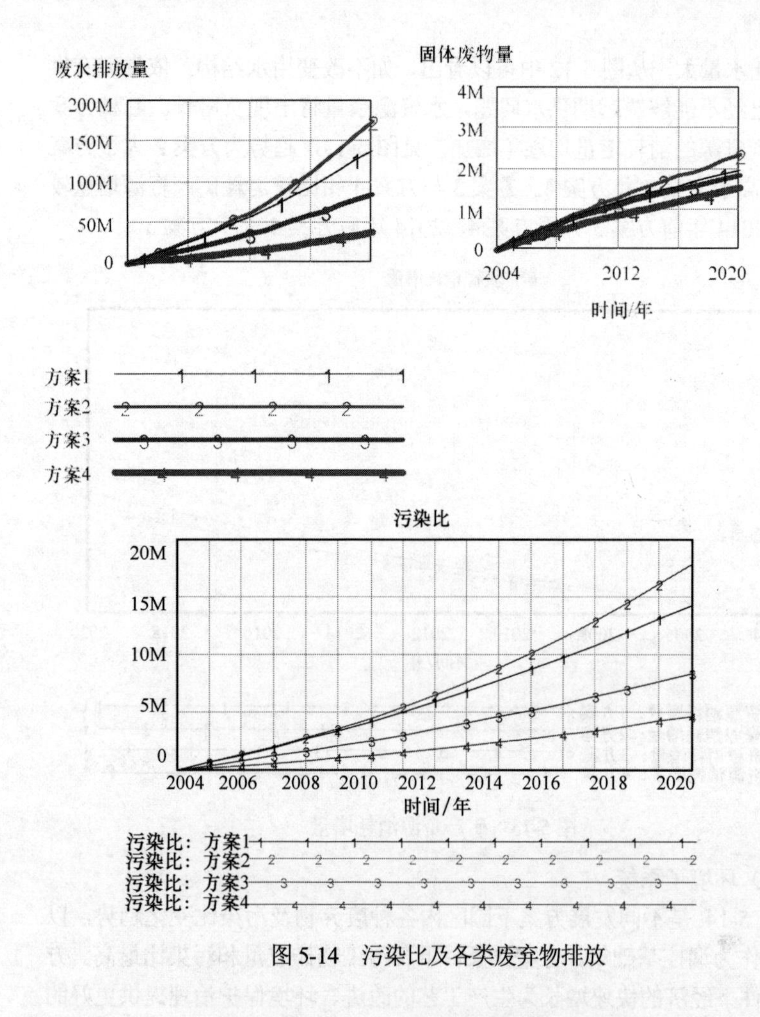

图 5-14 污染比及各类废弃物排放

5.4 城市工业生态系统规划环境影响评价及战略发展方案优选

5.4.1 工业生态系统评价指标体系

建立稳定高效、环境和谐的工业生态复合体系，关键在于准确认识体系的多层次互动关系，在此基础上建立多级评价指标体系，有针对性地反映各个层次的机构、功能、效率和影响。根据工业生态网络的基本内涵，在设计园区综合指标体系时，需从以下 4 个方面考虑：①工业生态学原理；②循环经济理论；③系统工程原理；④可持续发展理论。

指标体系是评价工业生态网络系统生态发展的基础，也是综合反映园区生态发展水平的依据。因此，在设计工业生态园区综合指标体系时，需要遵循以下原则：①科学性与实用性原则；②整体性与层次性原则；③简洁与聚合原则；④主成分性与独立性原则；⑤定性与定量相结合原则；⑥动态性与静态性相统一原则；⑦可操作性原则；⑧政策引导性原则。

建立的指标系统包括社会经济、资源、生态环境三大类 17 项指标 X_j，其中经济效益指标反映经济发展水平和发展潜力，生态环境影响指标反映工业代谢对城市生态产生的压力和减轻影响的潜力，资源指标反映能流、物流的具体状况和资源利用的水平，以及提高利用效率的潜力。I、II、III 分别代表效率级别一般、良好、高效，评价标准值根据国家或国际标准规定值确定，并参考国内外运行良好的工业生态系统现状值。各指标的权重 η_j 采用层次分析法确定，它对同一层次有关因素的相对重要性进行两两比较，并按层次从上到下合成方案对于目标的测度。综合评价是在指标计分和指标权重确定完成的基础上进行，采用加权求和公式，即

$$Y=\sum_{i=1}^{n} W_i Y_i \tag{5-3}$$

式中：W_i 为 i 指标权重；Y_i 为 i 指标分值。

各评价指标及其权重见表 5-14。

表 5-14　生态效率评价指标体系

聚类指标		X_j	η_j	I	II	III
社会经济指标（0.45）	人口密度/（人/km^2）	X_1	0.10	11000	20000	30000
	经济密度/（亿元/km^2）	X_2	0.10	60	40	20
	就业人员人均产值/万元	X_3	0.15	60	40	30
	科技投资比例/%	X_4	0.10	8	5	3
资源指标（0.30）	水梯级循环利用率	X_5	0.06	0.9	0.75	0.6
	燃煤循环利用率	X_6	0.06	0.9	0.8	0.7
	可更新资源利用比率	X_7	0.04	20	10	2
	万元产值能耗/（t 标准煤）	X_8	0.05	0.5	1.4	2

（续）

聚类指标		X_j	η_j	Ⅰ	Ⅱ	Ⅲ
资源指标（0.30）	固体废物综合利用率	X_9	0.05	0.95	0.8	0.7
	网络聚合度	X_{10}	0.04	1.2	1.1	1
生态环境指标（0.25）	万元产值废水排放量/t	X_{11}	0.04	1	2	4
	万元产值废气排放量/（万标准立方米）	X_{12}	0.03	0.3	0.4	0.7
	万元产值废物排放量/t	X_{13}	0.03	0.06	0.1	0.2
	环保投资比例/%	X_{14}	0.03	3.5	2.5	1.5
	设备及生产工艺先进性/%	X_{15}	0.03	100	80	60
	产品环境认证系数/%	X_{16}	0.03	90	80	60
	绿地率/%	X_{17}	0.04	45	35	25

5.4.2 方案环境影响评价与优选

方案的比较和优选是一个综合性强、设计因素众多的过程，采用灰色聚类评估方法对园区内工业共生网络不同发展方案下的生态效率进行评价。当聚类指标的意义、量纲不同，且在数量上悬殊较大时，采用灰色变权聚类可能导致某些指标参与聚类的作用十分微弱。解决这一问题有两条途径。一条途径是先采用初值化算子或均值化算子将各个指标样本值化为无量纲数据，然后进行聚类。这种方法对所有聚类指标一视同仁，不能反映不同指标在聚类过程中作用的差异性。另一条途径是对各聚类指标事先赋权，因此选择灰色定权聚类计算 4 种不同发展方案下系统动力学模拟仿真结果的灰色聚类系数。

设有 n 个聚类对象，m 个聚类指标，s 个不同灰类，根据第 i 个对象关于 j 指标的观测值 x_{ij}，将第 i 个对象归入第 k 个灰类，称为灰色聚类（i=1，2，…，n；j=1，2，…，m；$k\in\{1，2，…，s\}$）。将 n 个对象关于指标 j 的取值相应地分为 s 个灰类，称为 j 指标子类。j 指标 k 子类的白化权函数记为 $f_j^k(\cdot)$。设 $x_j^k(1)$、$x_j^k(1)$、$x_j^k(3)$、$x_j^k(4)$ 为 j 指标 k 子类的典型白化权函数 $f_j^k(\cdot)$ 的转折点。

典型白化权函数记为

$$f_j^k[x_j^k(1),x_j^k(2),x_j^k(3),x_j^k(4)]$$

满足

$$f_j^k(x)=\begin{cases}0, & x\notin[x_j^k(1),x_j^k(4)]\\ \dfrac{x-x_j^k(1)}{x_j^k(2)-x_j^k(1)}, & x\in[x_j^k(1),x_j^k(2)]\\ 1, & x\in[x_j^k(2),x_j^k(3)]\\ \dfrac{x_j^k(4)-x}{x_j^k(4)-x_j^k(3)}, & x\in[x_j^k(3),x_j^k(4)]\end{cases} \tag{5-4}$$

下限测度白化权函数记为

$$f_j^k[-,-,x_j^k(3),x_j^k(4)]$$

满足

$$f_j^k(x)=\begin{cases}0, & x\notin[0,x_j^k(4)]\\ 1, & x\in[0,x_j^k(3)]\\ \dfrac{x_j^k(4)-x}{x_j^k(4)-x_j^k(3)}, & x\in[x_j^k(3),x_j^k(4)]\end{cases} \tag{5-5}$$

适中测度白化权函数记为

$$f_j^k[x_j^k(1),x_j^k(2),-,x_j^k(4)]$$

满足

$$f_j^k(x)=\begin{cases}0, & x\notin[x_j^k(1),x_j^k(4)]\\ \dfrac{x-x_j^k(1)}{x_j^k(2)-x_j^k(1)}, & x\in[x_j^k(1),x_j^k(2)]\\ \dfrac{x_j^k(4)-x}{x_j^k(4)-x_j^k(2)}, & x\in[x_j^k(2),x_j^k(4)]\end{cases} \tag{5-6}$$

上限测度白化权函数记为

$$f_j^k[x_j^k(1),x_j^k(2),-,-]$$

满足

$$f_j^k(x)=\begin{cases}0, & x<x_j^k(1)\\ \dfrac{x-x_j^k(1)}{x_j^k(2)-x_j^k(1)}, & x\in[x_j^k(1),x_j^k(2)]\\ 1, & x>x_j^k(2)\end{cases} \tag{5-7}$$

确定 17 个指标 3 个子类的白化权函数 $f_j^k(\cdot)$ $(j=1,2,\cdots,17;k=1,2,3)$，见表 5-15。

表 5-15　工业系统 17 项指标的白化权函数值

权重	I	II	III
X_1	f_1^1[−,−,5000,12000]	f_1^2[11000,20000,−,25000]	f_1^3[23000,40000,−,−]
X_2	f_2^1[40,60,−,−]	f_2^2[20,30,−,45]	f_2^3[−,−,5,25]
X_3	f_3^1[50,60,−,−]	f_3^2[40,45,−,52]	f_3^3[−,−,35,40]
X_4	f_4^1[6.5,8,−,−]	f_4^2[4,5,−,7]	f_4^3[−,−,3,4.5]
X_5	f_5^1[8.2,9,−,−]	f_5^2[7,7.5,−,8.5]	f_5^3[−,−,6,7.5]
X_6	f_6^1[8,9,−,−]	f_6^2[7.5,8,−,8.5]	f_6^3[−,−,7,8]
X_7	f_7^1[13,20,−,−]	f_7^2[5,10,−,15]	f_7^3[−,−,2,7]
X_8	f_8^1[−,−,0.5,1]	f_8^2[0.7,1.4,−,2]	f_8^3[1.5,2,−,−]
X_9	f_9^1[0.9,1,−,−]	f_9^2[0.8,0.85,−,0.95]	f_9^3[−,−,0.7,0.85]
X_{10}	f_{10}^1[1.1,1.3,−,−]	f_{10}^2[0.98,1.05,−,1.5]	f_{10}^3[−,−,0.9,1]
X_{11}	f_{11}^1[−,−,0.3,1]	f_{11}^2[1.5,2,−,3]	f_{11}^3[2.5,4.5,−,−]
X_{12}	f_{12}^1[−,−,0.2,0.33]	f_{12}^2[0.3,0.4,−,0.6]	f_{12}^3[0.5,0.7,−,−]
X_{13}	f_{13}^1[−,−,0.03,0.08]	f_{13}^2[0.06,0.1,−,0.15]	f_{13}^3[0.1,0.2,−,−]
X_{14}	f_{14}^1[2.5,3.5,−,−]	f_{14}^2[2,2.5,−,2.8]	f_{14}^3[−,−,1.2,2.2]
X_{15}	f_{15}^1[85,100,−,−]	f_{15}^2[75,80,−,90]	f_{15}^3[−,−,60,80]
X_{16}	f_{16}^1[85,95,−,−]	f_{16}^2[70,80,−,90]	f_{16}^3[−,−,60,75]
X_{17}	f_{17}^1[40,50,−,−]	f_{17}^2[28,35,−,42]	f_{17}^3[−,−,10,30]

根据园区工业共生网络系统的 4 种不同发展方案，系统动力学模拟仿真结果确定生态效率评价中经济效益指标、资源指标和生态环境指标数值，在此基础上计算灰色聚类系数。

定权聚类系数

$\sigma_i^k=\sum_{j=1}^{m} f_k^j(x_{ij})\cdot\eta_j$（$i=1,2,\cdots,n;j=1,2,\cdots,m;k=1,2,\cdots,s$）得出灰色聚类系

数矩阵为

$$(\sigma_i^k)=\begin{bmatrix}\sigma_1^1 & \sigma_1^2 & \sigma_1^3\\ \sigma_2^1 & \sigma_2^2 & \sigma_2^3\\ \sigma_3^1 & \sigma_3^2 & \sigma_3^3\\ \sigma_4^1 & \sigma_4^2 & \sigma_4^3\end{bmatrix}=\begin{bmatrix}0.063 & 0.268 & 0.329\\ 0.300 & 0.000 & 0.525\\ 0.125 & 0.302 & 0.179\\ 0.340 & 0.190 & 0.126\end{bmatrix} \tag{5-8}$$

由 $\max\limits_{1\leqslant k\leqslant 3}\{\sigma_1^k\}=\sigma_1^3=0.329$，$\max\limits_{1\leqslant k\leqslant 3}\{\sigma_2^k\}=\sigma_2^3=0.525$，$\max\limits_{1\leqslant k\leqslant 3}\{\sigma_1^k\}=\sigma_3^2=0.302$，$\max\limits_{1\leqslant k\leqslant 3}\{\sigma_4^1\}=\sigma_4^1=0.340$ 表明，第 1 个发展方案属于第 III 灰类，第 2 个发展方案属于第 III 灰类，第 3 个对象属于第 II 灰类，第 4 个对象属于第 I 灰类。即在采用无为方案和注重经济发展方案条件下，系统生态效率一般，且注重经济发展方案 III 灰类聚类系数较高。采用方案 3 强调环境保护方案条件下系统生态效率可以达到良好。当采用发展方案 4 时，园区系统可以达到生态效率高效运转。

小　结

（1）工业生态系统是一个以人为中心，涉及社会、经济、环境、资源等多种因素的复杂系统。所建立的长春经济技术开发区工业生态系统动力学仿真模型可以对其结构、功能进行分析，确定不同子系统间的反馈作用关系，获得不同规划方案时变条件下的发展结果。

（2）在系统动力学仿真基础上采用灰色聚类评估可以反映工业生态系统多指标、多层次、信息不完备等特点，并可确定最优发展方案，为综合决策提供参考。

（3）研究结果表明长春经济技术开发区生态环境现状较好，但随着经济发展和人口聚集，环境压力将加大。在不同模式下，工业生态系统的发展情景存在差异，方案 4 条件下系统呈现相对最优的状态，社会经济、资源和生态环境协调发展程度较高，即生态效率高效。

（4）长春经济技术开发区在 2005 年—2020 年大力发展经济的同时，必须要推行清洁生产、绿色制造和产品生命周期管理，并推进清洁的能源结构、资源集约型基础设施和环境友好产业，加强科技环保研发力度，更好地体现生态效益。

第6章　城市空间扩展与土地利用战略环境评价

本章论述了长春市城市化过程中城市空间扩展情况及其机制分析，并以地理信息系统为技术支持，探讨了土地利用的动态变化及土地利用变化过程中的空间景观特征评价，在此基础上提出相应的土地利用规划的环境影响减缓与保障措施。

6.1　长春市城市空间扩展评价

6.1.1　长春市城市空间扩展

1）城市扩展概述

从地理学角度看，城市是一个空间概念。城市地域空间即指景观化城市所占有的三维的地表区域。在城市发展的内外力作用下，城市空间不断向农村地域推移或转移，其内部要素空间关系也不断发生调整与变化，这一过程即为城市地域空间扩展，其实质是与人口城市化相对应的地域城市化过程，是一个复杂、动态的过程，受多种因素影响与控制。一般而言，大、小城市所处城市化阶段不同，与区域关系存在差异，其地域空间扩展方式也不相同。因此，城市空间扩展是衡量城市化水平的主要测度指标。我国现在正处在城市化进程快速发展时期，及时掌握城市空间扩展的信息，对于城市规划、城市建设、管理及决策具有重要的现实意义。

早期的美国地理学家科尔毕于 1933 年最先提出了向心力与离心力学说，成为人们深入理解城市各功能要素地域运动的理论工具。向心力是聚集力，是使城市活动向市中心或其他特殊区位集中的力量。离心力是使城市活动远离市中心、趋于分散的作用力。有些因素牵引城市离心式地向外扩展，有的则向心式地吸引城市内向重组。这些因素的共同作用带动了城市扩展过程。SternPC 认为自然和社会经济对城市土地利用变化都有影响，把社会驱动力分为人口变化、贫富状况、技术变化、经济增长、政治和经济结构以及观念和价值等几类。我国一些学者对城市用地扩展特征和动力机制也做了相关研究。顾朝林等指出，随着城市的不断发展，城市土地利用表现为一个动态变化过程（顾朝林等，2000）。谈明洪在其文章中运用较为翔实的资料，对中国近 15 年城市土地扩张的基本态势进行研究，总结出 3 个主要的影响因子，即人口、经济增长和城市环境改善，并且认为经济增长是城市用地扩展最重要、最根本的动力因素（谈明洪，2003）。另外，汪小钦、周海波和祝善友等分别对福建省的福清市、上海市和山东省泰安市的城市扩展做了许多工作。杨荣南等从经济发展、自然地理条件、交通建设等方面分析了对城市扩展的贡献，并指出了城市几何扩展的组合模式。徐枫等对长春市近 50 年城市扩展的遥感监测及时空过程进行了分析（徐枫等，2005）。

2）长春市城市空间扩展轨迹

城市形态与空间结构演化的本质是城市社会经济要素运动过程在地域空间上的反映。按照城市化进程中扩展地域的形态及其与原有建成区的关系，可将我国大城市地域扩展方式分为圈层扩展模式、指状扩展模式、飞地扩展模式和带状扩展模式等类型。

长春市在近 50 年，空间形态从分散且破碎发展到比较完整，由多中心发展到单中心，又出现新一轮的分散破碎化，向多中心的组团式发展。

由于历史的原因，在建国后已形成了相当大的规模和城市较分散的空间格局，城市主体空间框架较大，有利于城市扩张与发展。20 世纪初，城市发展的初期，一个城市有清政府、俄国殖民和日本殖民统治 3 股“政府力”共存，各自分治和各自规划自己的势力范围。

在 1953 年—1987 年的较长时间内，城市的空间以城市大框架内不断地以填空补缺方式发展，同时也有少量地沿城市周边地区蔓延式发展。

在 1987 年—2002 年间，不再是填空补缺式和沿着城市边沿的摊大饼式，而是跳出城市主体框架，城市空间向外有较大扩散与发展。特别是进入 20 世纪 90 年代，的城市化进入快速推进阶段，城市化率从 1990 年的 36.5%增长到 2003 年的 43.6%，以 2.15%的年平均速度增长，城市建成区面积从 1990 年的 114.0km^2 增长到 2003 年的 220.0km^2，以 5.19% 年平均速度增长。长春市在城市外围划定了长春高新技术产业开发区、长春经济技术开发区，使城市的东南和西南出现新的生长点并不断发展，集中体现了长春市城市总体规划分散组团式的优点，与此同时，城市的整体重心不断向南迁移，用地扩张呈现较为明显的方向性。用地增长主要集中在西南（依托绿园区和高新区）和东南（依托净月区和经济开发区）两个方向上。

2004 年，长春市政府修编城市总体规划（1996—2020），生成了一个城市总体规划（2004—2020）。未来，长春市主城区空间发展方向为“南拓北优、西控东展”。主城区空间结构为“双心、两翼、多组团”的城市空间格局。“双心”指原有中心和南部新中心。“两翼”指城市沿东北和西南两个方向发展，西南向形成以汽车、高新产业为核心的发展空间，东北向形成以玉米加工业为核心的发展空间。“多组团”指位于中心城区外围，充分发挥区位、资源优势的相对集中的城市工业、居住组团。

长春历史上编制了 5 次城市总体规划，每次规划确定的不同城市性质均对城市空间发展方向产生影响，见表 6-1。

表 6-1　长春市 5 次城市总体规划对城市空间发展的影响

年份/年	城 市 性 质	城市发展方向或城市形态
1932	伪满洲国国都	单一集中型布局结构，即以大同广场为中心的同心圆式结构
1955	吉林省政治、经济、文化中心，机械工业生产和科技文化中心城市	城市形态结构分为 3 级：4 个规划区、9 个规划片、108 个街坊
1980	吉林省政治、经济、文化中心，以汽车等机械制造业和轻工业为主的工业和科研教育城市	规划城市主要向南发展；改同心圆式结构为多中心集团式结构，用伊通河、铁路、主干道将城市分为 7 个团，各团设服务中心
1995	吉林省省会，全国重要的汽车工业、农产品加工业基地和科教文贸城市	城市主要发展方向为东北、西南、东南和人民大街南部延长线两侧；城市布局结构采用分散组团结构
2004	吉林省省会，全国重要的汽车工业、农产品加工业基地和科教文贸城市	城区发展方向：“南拓北优、西控东展” 城市空间结构：“双心、三翼、多组团”

图 6-1 所示为 1995 年和 2004 年长春市城市总体规划图。从图 6-1 中可以看出不同时期城市空间发展方向。

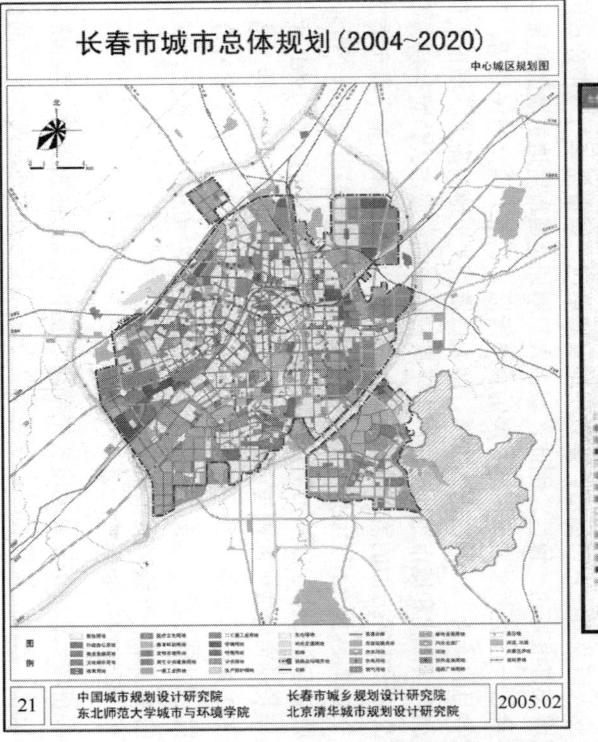

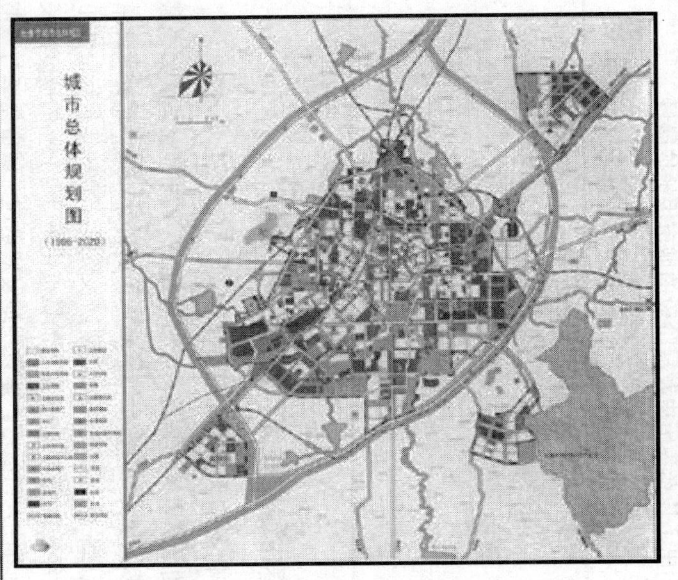

图 6-1　1995 年版和 2004 年版长春市城市总体规划

表 6-2 列出了长春各历史发展阶段的城市用地扩展量。

表 6-2 长春市城市用地扩展表

年 份	城市用地扩展量/km^2	年扩展量/km^2
1903～1931	13	0.45
1931～1949	59	3.28
1949～1979	11.2	0.37
1980～1995	52	3.25
1995～2003	77	9.63

数据来源：《中国城市统计年鉴》

6.1.2 长春市城市空间扩展的机制分析

1）城市化影响因素

城市化的最重要标志是城市人口的数量。城市化就是人口向城市集中的过程，以城市地区人口占全地区总人口的百分比这一指标来衡量城市化水平。长春市已经进入城市化的快速增长阶段，2003 年长春市城市化率为 43.6%。1991 年—2003 年，长春市的城市化率以 2.15%的速度增长，城镇非农业人口及暂住人口激增。建设用地发展迅速，城市化率与城市建成区面积增长有很高的一致性。因此，城市人口增加是城市用地扩展的重要动力因素之一，是衡量城市用地扩展的重要指标。城市土地是居民生活、工作和学习的场所。土地需求的本质，即人口增长对土地的需求。城市人口的增加对城市化和城市用地变化产生了最直接影响，城市人口对住房、交通和公共设施等方面的需求是城市扩张的最初动力。如果把整个城市看成是一个生命体，那么作为反映城市特征的城市用地规模和城市人口两个指标，就是城市这个有机体的两个器官，二者的增长率是成比例的。对 1991 年—2004 年长春市建成区面积与市区总人口作一元回归分析二者相关性，结果如图 6-2 所示：长春市市区总人口（x）与建成区面积扩张（y）呈高度线性相关，回归方程 $y=0.5823x-13.282$（判定系数 $R^2=0.9717$）。因此，城市人口的增加直接导致了城市用地的扩展。

2）经济增长的影响

经济增长和经济发展速度变化带动了城市用地扩展的变化。当经济高速增长时，城市空间扩展形式主要表现为建成区范围的外延式水平空间扩展；当经济稳定增长或缓慢发展时期，城市空间扩展转为内涵式垂直空间

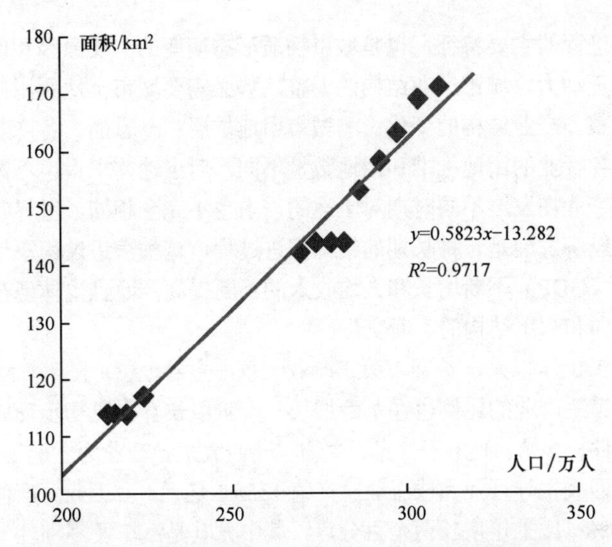

图 6-2　长春市建成区用地面积与市区人口线性回归图

扩展，其特征表现为城市转向以内部填充、改造为主，建筑密度加大。从这种意义上说，经济发展的周期性变化决定了城市空间扩展形式的周期性更替。经济发展速度带动了城市用地扩展的速度。经济发展的扩张—过热—收缩—再扩张，使城市空间扩展产生了加速—减速—稳定 3 种变化状态，经济处于发展期，城市建设投资水平上升，城市空间扩展能力和速度提高；反之城市空间扩展的速度将减慢。经济增长是城市用地扩张的根本驱动因素。

进入 20 世纪初，长春市国内生产总值和固定资产投资都增长较快，GDP 由 1990 年的 112.9 亿元增长到 1535 亿元，工业总产值从 1990 年的 156.7 亿元增长到 2004 年的 1712.7 亿元，并且国内生产总值增长率与城市建成区面积增长率之间有很高的相关度。1990 年—1995 年长春市 GDP 增长率为 265.7%，同期建成区面积增长率为 25.44%，经济增长快的时期建成区面积相对增长速度也快，即经济高速增长带动城市用地的快速增长。同时，经济的增长也促使人口向城市集聚，进而刺激城市用地的扩张。

3）产业结构影响

经济发展过程中的城市产业集聚和产业结构演变是城市空间扩展的直接动力。城市产业结构，是决定城市经济功能和城市性质的内在因素。产业结构调整和由此引起的人口由农业类型向工业及后工业类型的转变，是城市化进程的主要特征，也是城市物质形态演变的主要原因和促进城市发展的真正动力。城市产业结构的调整，势必需要城市土地利用结构做出相应的调整。产业结构的变化影响城市用地扩展：一方面，各产业及各产业内部的各行业的用地标准和用地数量不同，对土地需求量也不同；另一方面，各产业在发展不同时期对土地的需求也不完全相同。世界各国的实践表明，经济发展是一种长期的结构演进过程，这种演进过程不仅体现在社会产出（GDP）不断增长和人均收入的不断提高，而且也体现在自然物质投入方向和利用结构的不断变化。

自 1990 年以来，长春市第二产业一直占主导地位，随着产业结构不断升级，第三产业的比例也在不断增长。现阶段长春市已初步形成了以汽车及零部件、食品、光电子信息、生物医药四大主导产业为主的工业结构。2003 年，四大主导行业完成工业总产值 1355.1 亿元，占工业总产值的比例达到 89.7%，比上年增长两个百分点。其中尤其是汽车及零部件工业的主导优势非常突出，实现工业总产值 1181.7 亿元，占长春市工业总产值的 78.3%。2003 年汽车产业用地面积 144791.2hm^2，地均工业产值为 0.0082 亿元/hm^2，具有强劲的带动作用。1997 年—2003 年，全市域新增建设用地面积 10471hm^2，其中工业新增面积 4898hm^2，占新增总建设用地的 46.8%。而中心城区新增建设用地面积 7328hm^2，其中工业新增面积为 2816.63hm^2，占新增总建设用地的 27%。1995～2003 年长春市内各区工业用地增量见图 6-3。可见新增用地主要是由工业开发和经济发展引起的，符合长春市社会经济的实际需要。

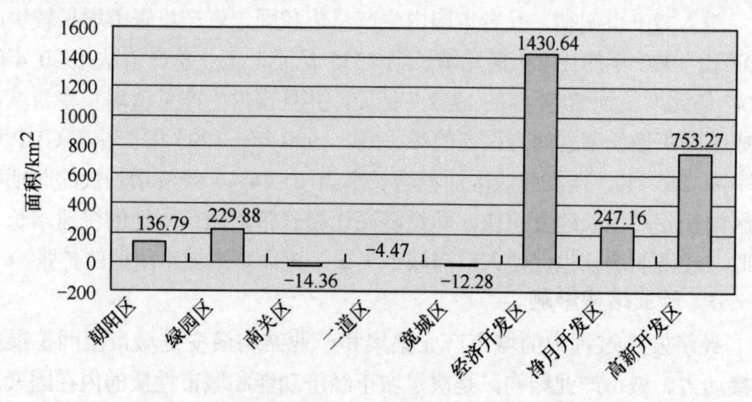

图 6-3　长春市各区 1995—2003 年工业用地增量

4）国家与地方政策产生的影响

（1）城市规划。

城市规划和土地利用规划引导城市用地发展方向和城市用地结构。城市规划作为政府的空间政策是其宏观调控的手段之一，以保证城市建设的整体效益的最大化，对城市开发的控制和引导是对城市空间扩展的促进和对用地结构的优化。长春市历史上编制了 5 次城市总体规划，各规划对各区用地结构和各地块的用途具有不同的引导作用。

此外，城市规划通过影响城市地价，促进城市用地结构优化。城市规划对城市开发活动起着直接的控制作用，不同地块城市地价的高低主要取决于城市建设总体容量控制标准，地块的使用功能、开发强度控制以及城市基础设施的发展水平等，而这些因素主要是由城市规划决策决定的。因此，以土地利用规划为主体的城市规划往往在很大程度上影响着城市土地价值的高低。合理的规划意味着对某些土地赋予大的开发价值，对某些用地则是限制开发，合理地价进一步影响城市用地结构配置，促进城市用地良性循环。经济利益驱使城市用地规模不断扩张。随着国家振兴东北老工业基地政策的实施，长春市今后在吸引外资上还会不断增长，促进城市经济快速发展，因而长春城市用地也会相应地扩张。从总体上来看，由于全球经济一体化改善了投资环境，将有利于提高土地利用的集约化程度，但是，必须以适当的有远见的土地利用政策加以引导，以避免投资环境变化过快，面对土地利用带来不适应影响。

（2）开发区政策。

开发区加速城市化进程，开发区建设和招商引资因素直接推动城市用地扩展。开发区的建设与发展，核心体现为要素的集聚，开发区都以特殊的政策吸引国内外的要素加速向开发区集聚，形成要素集聚的盆地，并由此推动造城运动。开发区的工业用地增加也非常突出。1995 年—2003 年，长春市经济技术开区和高新技术开发区的总建设用地增量为中心组团总增量的 42.5%，工业用地增量占到总工业用地增量的 78.9%。由图 6-3 可以明显看出经济开发区、高新开发区和净月旅游经济开发区的用地都是全市的主要组成部分。

（3）教育发展。

教育发展促进城市用地扩展。自 1999 年以来，随着高等院校的调整以及学生扩招数量的不断增加，原有的教育资源呈现出严重不足的态势，新建、扩建和迁建的大学日益增多，成为城市新的建设用地需求增长点，这样对建设用地的供应及管理提出了新的要求。教育用地作为城市中一个规模庞大、重要而独特的功能区，对城市的空间发展方向及形态结构有着重要的影响。长春作为国家科教中心城市，现有高等院校27所，高等学校在校学生26.1万人。1984年—1998年高等学校在校人数以每年4868人的速度在增长，1999年大学扩大招生之后，1999年—2003年长春市在校学生人数以每年29790的速度增加，其中增长最快的是2000年，比1999增长30%。学生的不断增多给学校基础设施带来巨大的压力，各个高校纷纷在原有学校基础上存量挖潜、扩建，甚至向郊外扩散建立新校区。长春市高校开始向净月潭旅游经济开发区搬迁和扩散，如东北师范大学新建的净月校区、长春税务学院的搬迁、长春中医学院以及一些独立学院等高校集聚于此。长春市现有教育用地1543.45万m^2，生均用地59m^2，达到国家本科院校生均用地标准的下限。由此促使城市用地的需求量的增长。所以长春市教育用地也将成为影响城市用地扩张的重要因素之一。

5）城市自然生长的主要形式

长春市城市空间的自然生长基本符合城市生长的一般规律，如沿主要交通线发展、亲水性、沿城市边沿发展和郊区城市化等。分散的多个中心和组团最终将在与中心区的竞争过程中，通过积聚作用，逐渐与老城区连成片，最后融入到城市核心圈内，其城市组团的特色会逐渐自然融合。沿主要交通线发展特征明显。交通的发展促进了城市空间扩展并改变城市外部形态，是城市空间扩展的牵动力，对城市空间扩展具有指向性的作用。通过长春市中间的伊通河，已不构成城市扩展的障碍，沿岸是建立住宅区和休闲公园的理想区位，表现为明显的亲水性。

6.1.3 长春市城市扩展过程中用地效益分析

从表6-3中可以看出，长春市地均效益增长明显。

表6-3 长春市不同年份城市用地使用效率比较表

年份	GDP/亿元	城市建设用地/km^2	地均GDP/亿元/km^2
1979	29.1	99	0.29
1996	488.2	151	3.23
2000	824	188	4.38
2002	1150	206	5.58
2003	1338	220	6.08

数据来源：《中国城市统计年鉴》

1996 年—2003 年，长春市城市用地的增长是在城市经济快速发展的基础上实现的，城市建设用地的地均 GDP 从 3.23 亿元/km^2 大幅提高到 6.08 亿元/km^2，城市土地利用的经济效益不断提高。建成区地均工业产值，即工业总产值与建城区面积的比值，可以作为衡量工业用地效益高低的一项指标。长春市地均工业产值相对较高，2003 年长春市的建成区地均工业产值为 0.009 亿元，高于沈阳和哈尔滨，但低于大连市，为长春市的经济发展做出了很大的贡献。

6.1.4 长春市城市扩展战略缺陷分析

长春的空间发展"单中心"的现象较为严重，分区中心的疏解作用较差，道路网络"环状效应"不断强化，城市发展缺乏延展性，并且城市内部发展不平衡。主要表现为以下几点。

1）中心城区极化效应明显，扩散引导不足

从布局来看，中心城区集中了两个国家级开发区和 6 个省级开发区。产业空间高度集聚在两个国家级开发区在 20 世纪 90 年代初期时选址紧贴在当时建设区的边缘，较好地享受到城市基础设施和服务设施的依托，取得了较快的发展并带动整个城市快速发展。但发展至今，诸多问题逐渐暴露出来：首先，中心城区形成了工业用地包围城市的局面，两个开发区限制了城市生活职能的扩展，整体城市空间缺乏延展性；其次，鉴于长春的产业特征，国家级开发区在引资上一直锁定于对微观的区位敏感度不高的大型企业，在一定程度上排挤了对公共服务设施和人才要求较高的区位敏感的中、小型企业；第三，由于地处区位条件较好、地价收益较高的地区，开发区为吸引投资做出的地价方面的优惠大大降低了应有的土地收益，造成了城市经济收益的流失。

从上述分析来看，产业发展空间保持现有的发展区位或近域外推的模式不是空间资源的最优配置的方式，因而在目前发展空间即将饱和的情况下，跳出中心城区开发新的发展区域将成为较为理想的选择。

2）乡镇地域发展滞后，难以有效提供中心城区扩散支撑

由于外围乡镇的现状规模较小，自身资金筹措能力有限，基础设施水平较低，很难为中心城区产业的疏解提供有利支撑。此外，虽然外围乡镇在经济和产业上与中心城区联系紧密，但基础设施方面相对独立，无法与中心城区实现共享。

3）行政区划制约都市区协调发展

长春市主要的经济联系方向为沿哈大线的西南、东北两个方向，其次为正东长吉方向，但沿此 3 个方向长春市区范围都比较有限。随着长春中心城区经济与产业规模的扩大，行政区划将成为制约统一空间布局形成的一大阻力。

以中心城区的扩散和疏解作为组织都市区空间的核心，构筑以长春中心城区为中心的都市区域空间格局。

积极培育外围组团（城区、城镇），构筑城乡一体化的地域空间。

6.2 长春市土地利用规划环境影响评价

6.2.1 土地利用规划环境影响识别

1）土地利用与环境的关系

土地利用是指人类通过特定的行为，以土地为对象或手段，利用土地的特性，获得物质产品和服务，满足自身需要的经济活动过程。这一过程是人类与土地进行物质、能量、价值和信的交流及转换的过程。土地利用是土地在人类活动的持续或周期性干预下，进行自然再生产和经济再生产的复杂的社会经济过程，是一个由自然、经济、社会和生态等多种类型的子系统有机复合而成的生态经济系统的持续运动过程（李平，李秀彬，刘学军，2001），同时也是一个把土地的自然生态系统变为人工生态系统的过程（史培军，宫鹏，李晓兵等，2000）。

土地利用主要途径：一是广度扩展，即不断扩大土地利用面积，提高土地利用率（可利用面积/土地总面积）；二是深度挖潜，即增加劳动、资本、技术投入，不断提高土地集约利用程度，提高土地产出率（产量或产值或能量/单位土地面积）。人们利用土地满足自身生存对物质资源的需要，其主要表现在：一是向土地取得生产资源和生活资料；二是向土地索取活动场所、生产基地和建筑物基地。土地利用分为土地的生产性利用和非生产性利用。土地生产性利用主要是将土地作为生产资料和劳动对象，以生产生物产品或矿物产品为主要目的；而非生产性利用则主要是利用土地的空间和承载力，土地是自然、经济和历史的综合体，是一个很复杂的生态经济系统。一国或一个地区的土地资源，一般都有多种利用的可能，又有对某些用途的限制，最终是人为地选择和自然的作用，决定了土地利用的形式，形成了一定的土地利用结构、布局、方式和强度。

据此可以看出，土地利用包含着对土地的生态环境资源及其功能的利用，随着利用方式、利用强度的不同，所造成的土地生态环境资源质量和生态环境功能的改变结果也不相同。由于土地与环境交织在一起，土地利用必然也涉及对其环境功能和其具环境属性的物质利用。土地利用变化对环境的影响可以以土地的覆被来做说明：土地利用变化主要分为土地用途转换（或地类变更）和土地利用集约度变化（李秀彬，2002）。土地利用变化的两种类型分别引起两种类型的土地覆被变化。土地用途转换引起土地覆被的转换，即某种覆被类型完全改变成另一种类型，并进一步影响土地覆被各类型之间的结构复杂性（Structural Complexity）。例如，耕地的农业用途发生转变，被城市或工业建设占用，耕地就被建设用地所取代；牧草地的牧业用途被农耕取代，牧草地被开垦为耕地。土地利用集约度的变化引起土地覆被的质量发生变化，进而影响土地覆被各类型之内的功能复杂性（Functional Complexity）和多样性。土地利用集约度的提高将促使土地覆被的改良，使某种土地覆被得到维护、修复、更新，如土壤改良、耕地梯田化、草地改良、森林抚育、灌溉系统的建立与完善等。反之，土地的粗放利用将使土地覆被质量出现退化。土地覆被的变化由土地利用引起，而土地利用的土体是人类，人类的土地利用活动正以空前的速度、幅度和空间规模改变着地球环境。

2）土地利用规划与环境影响评价

（1）研究进展。

国际上的土地利用规划环境影响评价研究以英国为主，早在 1990 年就开始了，表现为从以目标为导向的评价过程向可持续为导向的规划过程转变。而已于 2004 年 7 月开始实施的欧洲战略环境影响评价导则将会对此产生影响。在环评法出台之前，我国对于规划环评已有一定的探讨。尚金城、张妍等探讨了在规划层次上的环境影响评价的关键及研究方法，并以长春经济技术开发区的土地利用规划为例，在探讨土地利用变化与环境关系的基础上，论述了土地利用规划对环境的影响（尚金城，张妍等，2002）。近年来，随着规划层次环境影响评价研究的兴起，探讨与土地规划相关的 SEA 的文章增多。肖杨等从景观生态学的角度，对土地利用/土地覆被变化的生态环境影响作了分析（肖杨，王红瑞，伍玉容，2002）。程吉宏从区域土地开发规划方面，探讨了规划环境评价中土地生态适宜度的问题（程吉宏，王晶日，2002）。杨枫、郑伟元等介绍了德国开展土地规划环境影响评价的对象及步骤（杨枫，郑伟元等，2003）。尚金城、于书霞、郭怀成以生态系统服务功能价值为评价指标，通过对政策实施前后生态服务功能价值变化的比较分析，对吉林省生态省建设中土地利用政策的环境影响进行了定量分析评价，在此基础上对生态系统服务功能价值核算理论的应用以及土地利用政策环境评价方法进行了探索（尚金城，于书霞，郭怀成，2004）。从总体上看，目前国内外土地规划环境影响评价研究成果大多是对其中的个别问题的理论探讨，结合土地利用规划实际内容的理论研究不多，实践研究的案例也较少。针对我国独特的土地利用规划体系内涵的环境影响评价理论方法体系尚处于探索阶段。

（2）土地利用规划的环境影响评价的特点。

① 战略性。土地利用规划环境评价的战略性体现为宏观性和长期性。宏观性是指所评价的规划的内容包括规划方案、重点建设项目及分区措施等，它们多具有方向性，缺乏明确的定位和定量；长期性是指土地利用规划的期限一般在 10 年以上，考虑到各种因素的不同程度的变动性，对未来的预测具有一定的不确定性。此特点决定了 EIA 中的精确性方法难以满足土地利用规划环境评价的需要。

② 综合性。综合性是土地利用规划区别于部门规划的重要特点，也是“规划环境影响评价法”中区分两类不同性质规划的主要原因。其综合性特点是和土地利用规划综合性特点一脉相承的。土地利用规划的综合性主要体现在规划涉及不同部门以及同时考虑社会、经济和环境等不同方面。该特点决定了土地利用规划环境评价的过程必然涉及不同部门，因而不能和土地利用规划截然分开。

③ 区域性。土地利用问题的区域性以及土地利用规划的区域性特点决定了土地利用规划环境影响评价的区域性特征，决定了土地利用规划环境评价不仅要有空间的针对性，也要有区域的针对性，即应选择具有区域特征的环境影响指标体系和方法进行评价。

④ 层次性。与各级政府的土地管理职能相对应的不同层次的土地利用规划的任务、目的和内容在统一的土地利用规划体系中有所不同，又和相应的城市规划体系相互协调，决定了相应的土地利用规划环境评价的功能、采用的方法等有所不同。

（3）土地利用规划环境影响评价主要任务。

土地规划的主要任务包括控制土地的不可持续利用、协调土地利用与生态环境保护、组织土地利用朝人类的经济福利、环境福利改善的目标前进，为土地利用监督提供法律依据。

土地利用与生态环境变化密切相关，土地利用规划环境影响评价研究当然也离不开土地的生态环境分析，科学的土地利用规划不能缺少对生态环境保护与优化的用地规模和布局有效安排。只有这样才能保证土地利用规划为规划区社会经济持续发展和保持生态环境双重目标服务，才能起到推动社会经济持续发展和保护生态环境的应有作用，这也是土地利用规划的出发点和归缩。

一般来说，秉持可持续发展理念的土地利用规划的主要内容都会涉及生态环境问题。

① 在进行土地利用现状分析与评价时，必须综合分析评价土地资源和土地生态环境功能的利用和保护程度。

② 土地利用潜力的分析，要考虑生态环境条件。

③ 土地供给与需求预测，是以生态环境的容限为约束条件的。

④ 土地供需平衡和土地利用结构优化，包括土地生态环境的优化。

⑤ 土地利用规划分区和重点用地项目布局，土地自然生态环境保护区和防护带及其生态环境建设用地项目布局是其重要组成部分。

⑥ 城乡居民点用地规划，必然包括森林绿地规模和布局。

⑦ 交通运输用地规划，会考虑交通线路绿化。

⑧ 水利工程用地规划，也得有配套的生态环境建设用地规划。

⑨ 农业用地规划中的农田林网、灌渠、农业面源污染防护带都是对生态环境保护目标的落实。

⑩ 生态环境建设用地规划更是对生态环境保护与治理政策与计划的有效支持。

⑪ 任何土地利用专项规划都会以专章来协调解决土地利用的生态环境问题。

⑫ 土地利用费用效益分析包括环境效益，规划实施措施包括土地利用的生态环境保护与优化措施。

6.2.2 土地利用规划环境影响评价的技术方法

其包括专家判断法、核查表法、矩阵法、叠图法、幕景分析法、地理信息系统（GIS）和遥感技术（RS）、驱动力—压力—状态—响应（DPSR）

的概念模型方法、生态服务价值的方法以及累积影响的分析方法因其特有的逻辑性或综合性，比较适应土地利用规划环境影响评价的特点，可以用于土地利用规划环境影响评价中。

1）压力—状态—响应方法

"压力—状态—响应"（PSR）框架最早是由经济合作组织为了评价世界环境状况而提出的评价模式，其基本思路是人类活动给环境和自然资源施加压力，结果改变了环境质量与自然资源质量；社会通过环境、经济、土地等政策、决策或管理措施对这些变化发生响应，缓解由于人类活动对环境的压力，维持环境健康。

基于 PSR 框架的指标体系的核心思想就是要通过"压力—状态—响应"这样一个反映土地生态环境质量变化的因果关系的框架，将指标纳入土地管理、规划、决策以及政策制定的时间中，因此，适合于土地利用规划的环境影响评价。其中压力指标就是土地利用规划对土地资源施加的压力，包括正向的和负向的，压力之下的土地生态环境质量产生变化；状态指标指的是土地生态环境质量状况及其时间变化，土地对土地利用规划的反馈，通过其状态变化来影响社会经济；响应指标就是对土地压力、土地质量状态及其变化作出的反应，包括用途管制规则、管理与技术改进、科技进步等，是对土地利用的调控。三者之间的关系见图 6-4。

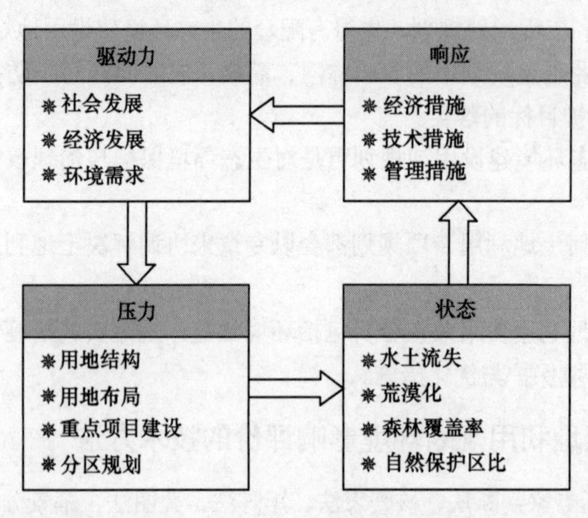

图 6-4 "压力—状态—响应"在土地利用规划环境评价中的应用

2）景观分析方法

土地利用过程是自然景观转变成人文景观的过程，景观结构及其发展变化是人类活动和自然环境相互作用的结果。土地景观格局对各种生物过程和非生物过程有直接或间接的影响。因此，了解某区域土地景观格局的变化可以为该区域土地资源的合理管护和利用提供科学依据。

研究景观的结构是研究景观功能和动态的基础。景观结构的斑块特征、空间相关程度及详细格局特征可通过一系列数量方法进行研究。景观空间分析方法可分为两大类：格局指数方法和空间统计学方法。前者主要用于空间上非连续的类型变量数据，而后者主要用于空间上连续的数值数据。景观指数是指能够高度浓缩景观格局信息，反映其结构组成和空间配置某些方面特征的简单定量指标。景观格局特征可以在3个层次上分析：①单一斑块（Individual Patch）；②由若干个斑块组成的斑块类型（Patch Type 或 Class）；③包括若干斑块类型的整个景观镶嵌体（Landscape Mosaic）（邬建国，2000）。因此，景观格局指数也可分为斑块水平指数（Patch-Level Index）、斑块类型指数（Class-Level Index）及景观水平指数（Landscape-Level Index）。斑块指数往往作为计算其他景观指数的基础，而其本身对了解整个景观的结构并不具有很大的解释价值。在景观水平上则侧重于计算各种多样性指数，因此，在进行景观格局变化分析时，通常采用斑块类型水平指数及景观水平上的指数进行分析。

3）地理信息系统技术

GIS 具有强大的空间地理数据存储、分析和管理的功能，并能对分析结果给予直观显示，为具有空间属性特征的环境影响评价提供了一种有效工具。计算机技术的迅速发展和 GIS 技术的推广成熟推动土地规划的评价工作从定性向定量方向发展。RS 已经成为现今土地资源调查必不可少的技术工具，为大范围区域内数据的迅速收集提供了极大的便利。RS 特别有利于大规模土地资源的现状调查及数据的收集，如对地形、植被、地貌、植物类型、水体、土地利用现状等的调查，都广泛地应用遥感技术。因此，RS 可以广泛地应用于土地利用规划的环境影响评价中。

GIS 技术作为土地资源规划和评价的关键性工具，结合 RS 在世界范围内被广泛应用，运用 GIS 和 RS 技术可以大大促进资源信息的收集和数据的分析表述。在土地利用规划环境影响评价中，GIS 和 RS 一般用于环境现状调查和环境影响预测。将叠图法和GIS、RS结合起来应用，可以进行土地利用规划的累积环境影响分析，利用不同年度的遥感图解分析土地利用的变化趋势和环境影响的程度、大小及变化，利用GIS的空间叠加功能或借助叠图法将处理过的遥感图件和其他有关的资源环境图件和社会经济图件进行叠加、加权、合并，从而建立一个具有多重属性的图形，进行相应的分析、预测，评价土地利用规划环境影响评价的累积效应。

6.2.3 长春市土地利用规划环境影响评价

1）土地利用类型分类

为了系统地分析土地利用的动态变化特征，将长春市的土地利用类型分类。国家土地资源分类系统具体见表6-4。

表6-4 土地资源分类系统

编号	名 称	含 义
1	耕地	指种植农作物的土地，包括熟耕地、新开荒地、休闲地、轮歇地、草田轮作地；以种植农作物为主的农果、农桑、农林用地；耕种3年以上的滩地和滩涂
11	水田	指有水源保证和灌溉设施，在一般年景能正常灌溉，用以种植水稻，莲藕等水生农作物的耕地，包括实行水稻和旱地作物轮种的耕地
12	旱地	指无灌溉水源及设施，靠天然降水生长作物的耕地；有水源和浇灌设施，在一般年景下能正常灌溉的旱作物耕地；以种菜为主的耕地，正常轮作的休闲地和轮歇地
2	林地	指生长乔木、灌木、竹类以及沿海红树林地等林业用地
21	有林地	指郁闭度大于30%的天然木和人工林，包括用材林、经济林、防护林等成片林地
22	灌木林	指郁闭度大于40%、高度在2m以下的矮林地和灌丛林地
23	疏林地	指疏林地（郁闭度为10%～30%）
24	其他林地	未成林造林地、迹地、苗圃及各类园地（果园、桑园、茶园、热作林园地等）
3	草地	指以生长草本植物为主，覆盖度在5%以上的各类草地，包括以牧为主的灌丛草地和郁闭度在10%以下的疏林草地
31	高覆盖度草地	指覆盖度在大于50%的天然草地、改良草地和割草地。此类草地一般水分条件较好，草被生长茂密
32	中覆盖度草地	指覆盖度在20%～50%的天然草地和改良草地。此类草地一般水分不足，草被较稀疏

（续）

编号	名 称	含 义
33	低覆盖度草地	指覆盖度在5%～20%的天然草地。此类草地水分缺乏，草被稀疏，牧业利用条件差
4	水域	指天然陆地水域和水利设施用地
41	河渠	指天然形成或人工开挖的河流及主干渠常年水位以下的土地，人工渠包括堤岸
42	湖泊	指天然形成的积水区常年水位以下的土地
43	水库坑塘	指人工修建的蓄水区常年水位以下的土地
44	永久性冰川雪地	指常年被冰川和积雪所覆盖的土地
45	滩涂	指沿海大潮高潮位与低潮位之间的潮侵地带
46	滩地	指河、湖水域平水期水位与洪水期水位之间的土地
5	城乡、工矿、居民用地	指城乡居民点及县镇以外的工矿、交通等用地
51	城镇用地	指大、中、小城市及县镇以上建成区用地
52	农村居民点	指农村居民点
53	其他建设用地	指独立于城镇以外的厂矿、大型工业区、油田、盐场、采石场等用地、交通道路、机场及特殊用地
6	未利用土地	目前还未利用的土地、包括难利用的土地
61	沙地	指地表为沙覆盖，植被覆盖度在5%以下的土地，包括沙漠，不包括水系中的沙滩
62	戈壁	指地表以碎砾石为主，植被覆盖度在5%以下的土地
63	盐碱地	指地表盐碱聚集，植被稀少，只能生长耐盐碱植物的土地
64	沼泽地	指地势平坦低洼，排水不畅，长期潮湿，季节性积水或常积水，表层生长湿生植物的土地
65	裸土地	指地表土质覆盖，植被覆盖度在5%以下的土地
66	裸岩石砾地	指地表为岩石或石砾，其覆盖面积大于5%以下的土地
67	其他	指其他未利用土地，包括高寒荒漠、苔原等

2）城市化进程中土地利用变化特征

（1）土地利用动态变化。

在GIS技术的支持下，利用GIS空间叠置（Overlay）分析功能，对不同时段的土地利用矢量图件进行空间比较，利用土地利用变化的时空数据，对土地利用时空变化状况进行有效的分析。主要分析土地利用变化的幅度、变化的速度、变化的主要类型和空间景观特性，揭示土地利用变化的动态变化过程和空间特征。

利用 GIS 的矢量化功能，首先对长春市 1980 年、1995 年和 2000 年的土地利用专题图进行矢量化，然后将矢量格式转入 GIS 软件 ARCVIEW 中。进而在 GIS 环境下，对前后 3 期图形数据进行对比分析，获得土地利用变化的空间与属性数据。在此基础上，进行土地利用变化的动态分析。上述处理过程是在多边形图斑的属性表中完成的，在 GIS 环境下把长春市城市化进程中 3 期土地利用变化的空间状况以图形方式显示出来（图 6-5 至图 6-7）。

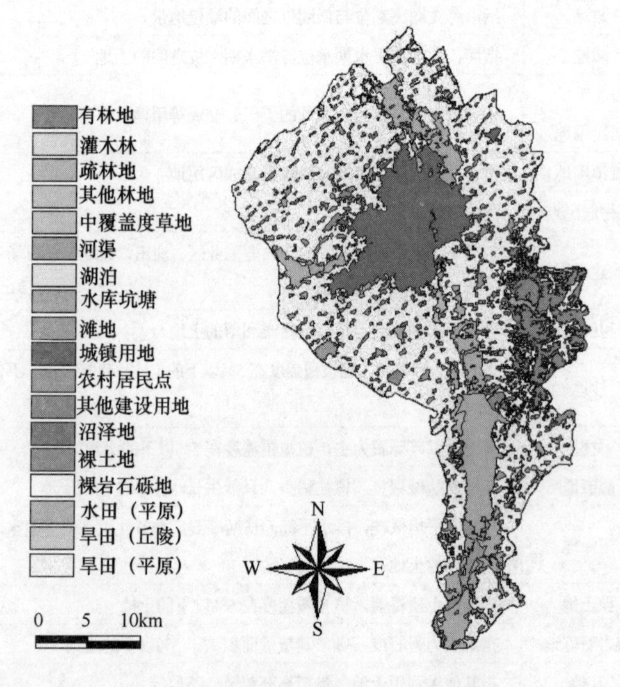

图 6-5 长春市 1980 年土地利用情况

区域土地利用变化包括土地利用类型的数量（面积）变化、空间变化和质量变化。数量变化主要反映在不同类型的总量变化上。分析区域土地利用动态变化包括土地利用类型的总量变化、土地利用变化总的态势和土地利用结构的变化。

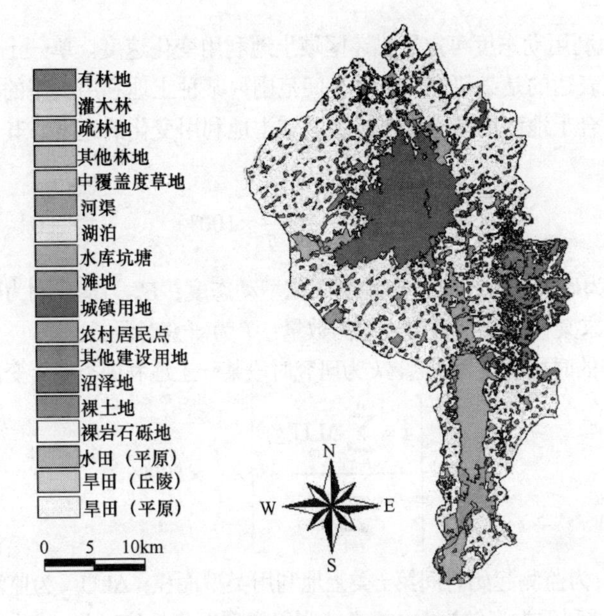

图 6-6　长春市 1995 年土地利用情况

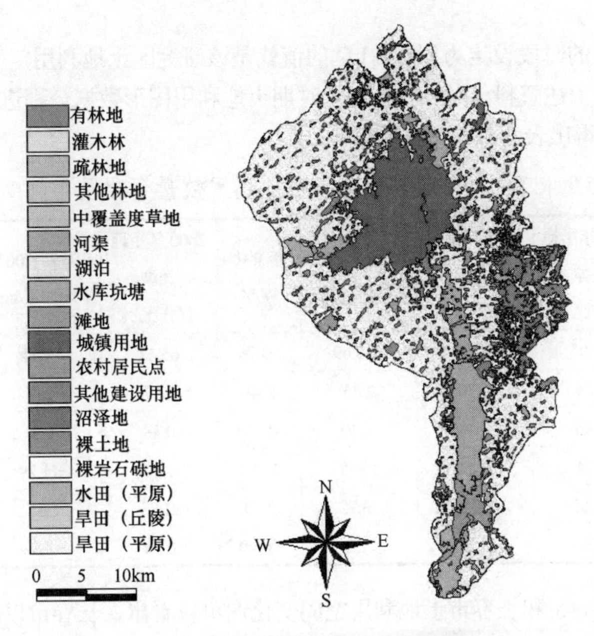

图 6-7　长春市 2000 年土地利用情况

土地利用动态度可定量描述区域土地利用变化速度。单一土地利用类型动态度表达的是某研究区一定时间范围内某种土地利用类型的数量变化情况；综合土地利用动态度可描述区域土地利用变化的速度，其计算公式分别为

$$k=\frac{U_{\mathrm{a}}-U_{\mathrm{b}}}{U_{\mathrm{a}}}\times\frac{1}{T}\times 100\% \tag{6-1}$$

式中：k 为研究时段内某一土地利用类型动态度；U_{a}、U_{b} 分别为研究期初及研究期末某一种土地利用类型的数量；T 为研究时段长。

当 T 的时段设定为年时，k 为研究时段某一土地利用类型年变化率，即

$$\mathrm{LC}=\left[\frac{i=\sum_{i=1}^{n}\Delta\mathrm{LU}_{i-j}}{2\sum_{i=1}^{n}\mathrm{LU}_{i}}\right]\times\frac{1}{T}\times 100\% \tag{6-2}$$

式中：LU_i 为监测起始时间第 i 类土地利用类型面积；$\Delta\mathrm{LU}_{i-j}$ 为监测时段内第 i 类土地利用类型转为非 i 类土地利用类型面积的绝对值；T 为监测时段长度。

当 T 的时段设定为年时，LC 的值就是该研究区土地利用年变化率。

利用上述资料，对长春市 3 个时期土地利用图形数据分别进行统计分析，计算得出表 6-5 所列结果。

表 6-5　长春市 1980～2000 年土地利用数量变化及年际变化率

土地类型	1980 年用地类型百分比/%	1995 年用地类型百分比/%	1980～1995 年增加量/km^2	年变化率/%	2000 年用地类型百分比/%	1995～2000 年增加量/km^2	年变化率/%
1	67.05	64.53	−38.69	−3.76	65.42	13.64	1.38
2	6.54	6.70	2.45	2.44	6.57	−2.01	−1.96
3	0.46	0.40	−0.91	−12.93	0.38	−0.31	−5.10
4	6.14	6.83	10.59	11.23	6.10	−11.29	−10.77
5	19.57	21.11	23.72	7.90	21.23	1.85	0.57
6	0.24	0.42	2.83	76.90	0.30	−1.87	−28.73

从表 6-5 和长春市土地利用空间变化图可以看出，长春市以耕地为主要土地利用类型，占总面积的 64%以上，其中平原旱地占较大比例。其次

是城乡、工矿和居民用地比例较大，且呈逐年递增趋势，从1980年的300.3增加到2000年的325.9，尤其在1980—1995年间年变化率达到7.90%。这主要是由于社会经济的快速发展使得商业、工业用地大面积增加，而居住用地呈现比例下降。1995—2000年间林地、草地和水域百分比例下降，尤其是水域面积年均降低10.77%。城市土地利用演变过程中均质性空间差异变大，主要由于随城市演变过程中商业用地、公共绿地、公共设施等用地在城市中心集聚，而工业用地主要分布在城市边缘地区。

（2）土地利用变化过程的空间景观特征。

区域土地利用变化过程的空间景观特征是指用来表征人类活动对自然生态系统影响程度的景观表现。景观生态学中的景观指数被广泛地应用于目前的土地利用/覆盖变化的研究中。结合长春市高速的经济发展和城市化特征，本书选取破碎度指数来揭示城市化进程中人类活动对区域土地利用变化的影响程度及区域土地利用被分割的程度，其计算公式为

$$P = A / N \tag{6-3}$$

式中：A 为某类斑块的面积；N 为该类斑块的总个数。

利用上述公式，结合长春市前后3期土地利用图形数据分别进行统计分析，计算出长春市1980年、1995年和2000年城市土地利用类型的斑块数（Patch）和破碎度指数，见表6-6。

表6-6 长春市土地利用的空间景观特性

年份/年	土地利用类型	面积/hm^2	斑块数	破碎度指数
1980	耕地	1029.00	117	8.79
	林地	100.34	155	0.65
	草地	7.04	2	3.52
	水域	94.29	72	1.31
	城乡、工矿、居民用地	300.31	788	0.38
	未利用土地	3.68	42	0.09
1995	耕地	990.30	109	9.09
	林地	102.79	187	0.55
	草地	6.13	43	0.14
	水域	104.88	79	1.33
	城乡、工矿、居民用地	324.03	771	0.42
	未利用土地	6.51	51	0.13

（续）

年份/年	土地利用类型	面积（hm^2）	斑块数	破碎度指数
2000	耕地	1003.94	106	9.47
	林地	100.78	158	0.64
	草地	5.82	27	0.22
	水域	93.59	71	1.32
	城乡、工矿、居民用地	325.88	762	0.43
	未利用土地	4.64	43	0.11

可以看出，长春市快速发展的城市化进程，引起了土地利用的急剧变化。主要土地利用类型耕地、城乡、工矿和居民用地的破碎度不断增大，草地面积下降。反映出城市化进程中人类干扰强度增大和城市用地的空间集中化的特征。

6.2.4 长春市土地利用结构与规模变化趋势预测

1. 城市发展目标与土地利用结构的发展方向

从 2004 年和 2010 年土地利用结构数量比例趋势图图 6-8 中可以看出，长春市未来发展中工业用地将不断增加，仓储用地随商业用地和交通用地的增加而增加，公共建筑、公用设施用地和居住用地的增加，主要是城市向南发展，市政府南迁形成南部新城区的机关、居住、公园、绿地的

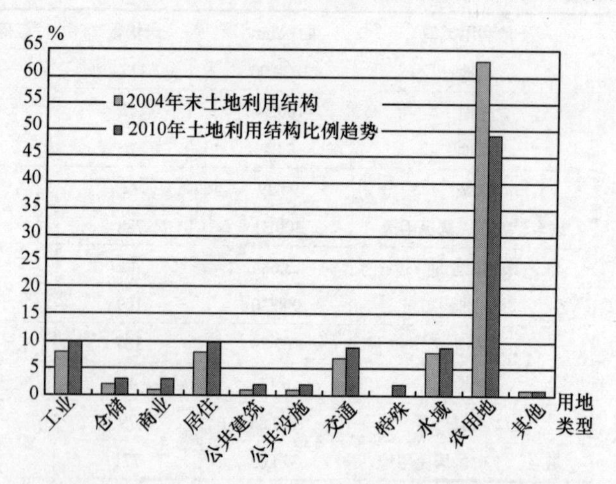

图 6-8　长春市 2004 年与 2010 年土地利用结构比例趋势对比

增加。交通用地因城市干道向外延伸，农用地因建设占用而减少，但种植结构中服务于城市消费的菜地会增加，服务于生态建设的林地会略有增加。

最新一轮城市规划遵循可持续发展目标，至2020年，把长春市建成经济实力较强，社会文明进步，科学技术先进，城乡发展协调，基础设施完备，生态环境良好的开放型、多元化、适宜居住的生态园林城市，这表明生产性用地、生活性用地、生态性用地都将全面增长，农用地、其他土地将进一步缩减，三大产业间用地比例随城市规划方向调整，见表6-7。

表6-7 城市发展目标与土地利用结构变化

城市发展目标	土地利用结构变化
经济发展目标是至2010年全市工业总产值3300亿元，年均增长12%，至2020年工业总产值8000亿元，年均增长9%，实施产业集群战略，做大做强汽车、农产品深加工、生物医药、光电子信息四大主导产业，加速市域工业化、城镇化过程，统筹城乡经济发展，缓解二元结构	围绕主导产业、关联配套产业和基础产业、支柱产业将产生第二产业生产性用地及为第二产业配套的生活性设施用地的增加，与工业总产值增幅相对应，平均年增幅在6%左右
社会发展目标是到2020年长春市城乡差距进一步缩小，城市居民人均可支配收入达25000元，农村居民人均纯收入15000元。城乡生活水平进一步提高，城市恩格尔系数是30%，农村恩格尔系数是35%。城乡生活质量进一步改善，市区、农村居民住房人均建筑面积为30 m^2和25m^2。养老、医疗、失业保险覆盖面进一步扩大，城镇失业率控制在3.5%以内	居住用地将明显增加，教育、医疗、文化、养老等第三产业用地相应增加。另一方面，保证城乡恩格尔系数的降低和农村居民稳定收入，也必须有足量的农用地特别是耕地资源作为保证，用数量和产量保证农民收入稳定和农产品价格稳定
生态发展目标是到2010年，环境污染和生态破坏得到有效控制，饮用水保护区得到全面保护，市区环境质量和城市生态景观有明显改善。到2020年，环境污染与生态破坏得到全面控制，城市生态系统良性循环，达到“国家生态园林城市”建设标准。生态保护与生态建设相结合，重点投入生态建设，维持水生生态系统完整性，有效管理自然资源	今后将加大投入建设人工生态系统，沿河流的条型绿化、围绕水库的绿化改造为富氧林地公园和野生动植物公园，使生态系统不仅是水面、植被、地形，而且有生物和群落，提高生态系统的等级和完整性

资料来源：《长春市总体规划》草案2005年

2．土地利用规模预测

1）中心城区城市建设用地

（1）增长趋势外推法。1980—1995 年，长春市城市建设用地年均增长 3.24，年均增长率为 2.7%；1996—2003 年城市建设用地年均增长 10.65km^2，年均增长率达到 5.6%。规划采用 1980—2003 年用地平均增长率进行趋势外推，年均城市建设用地增长率为 3.93%，由此推算，至 2020 年规划期末城市建设用地总面积为 445km^2。

（2）人均用地指标法。2003 年，长春市现状人均城市建设用地为 96.2m^2，根据《城市用地分类与规划建设用地标准》（GBJ 137—90），规划 2020 年人均城市建设用地指标幅度为 90.1m^2/人～105.0m^2/人。考虑到上述长春市城市建设用地在国家层面及地方层面的多种需求，规划宜采用人均城市建设用地指标上限，即 105m^2/人，按照 2020 年规划人口为 420 万计算，规划城市建设用地规模为 440km^2。

（3）中心城区建设用地规模确定。2010 年，长春市中心城区城市建设用地规模为 330km^2，人均建设用地为 103m^2；2020 年，长春市中心城区城市建设用地规模为 440km^2，人均建设用地为 105m^2。

2）城镇建设用地

长春市在城镇化的进程中，一方面，要求中心城区在经济、政治和科教文贸等方面继续发挥龙头作用，在现有基础上继续扩大建设用地；另一方面，其部分产业和职能需要向周边扩散，包括机械加工业、装备制造业、农产品加工业以及大专院校教育用地的向外转移和疏解。

长春市规划区现状人均城镇建设用地面积为 100m^2 /人，根据《城市用地分类与规划建设用地标准》，允许上调幅度为 0～15m^2 /人，考虑到上述长春市从国家、省域以及自身经济建设及城市建设对用地需求。2010 年长春市规划区城镇建设用地规模为 375km^2，人均城镇建设用地为 107m^2；2020 年长春市规划区城镇建设用地规模为 535km^2，人均城镇建设用地为 110m^2。

3）建设用地供应分析

（1）规划区城镇建设用地供应分析。根据以上分析，2020 年规划区城镇建设用地规模应为 535km^2，较 2003 年规划区现状城镇建设用地增加了 274km^2 左右。新增的城镇建设用地在保持林地、园地、牧草地、水域即适当扩大生态用地的基础上，通过合理整合现有建设用地（如农村居民点等）、适当占用耕地和转化未利用地，其中整合现有建设用地 $70km^2$，转化现有未利用地 $35km^2$，占用现状耕地 $169km^2$。占用耕地部分一方面在城市规划区内通过各种未利用土地资源的合理转化形成，另一方面将由规划区外县（市）后备资源开发补充，从而保持全市域范围耕地总量动态平衡。

（2）中心城区建设用地供应分析。中心城区新增的 $200km^2$ 的城市建设用地中有 $102km^2$ 来自于绕城高速公路以内侧、兴隆山镇、富锋镇及新立城镇的耕地。除新立城镇内占用了 $200hm^2$ 的基本农田外，其余基本为一般农田，而该部分基本农田属于吉林农业大学的农业耕种教学基地，因此可以考虑通过其他途径得以平衡。另有 $65km^2$ 来自于农村居民点用地和农业设施用地的转换，其余 $33km^2$ 来自于未利用地，包括盐碱地、沙地及闲置用地的转换。表 6-8 显示了长春市远期规划用地情况。

表 6-8 长春市规划区用地汇总表（2020 年）

<table>
<tr><th>序号</th><th colspan="3">类别名称</th><th>用地面积/km^2</th><th>占规划区比例/%</th></tr>
<tr><td>1</td><td colspan="3">城市总体规划用地</td><td>3891</td><td>100</td></tr>
<tr><td rowspan="9">2</td><td rowspan="9">建设用地</td><td rowspan="4">城镇建设用地</td><td>中心城区</td><td>395</td><td>10.2</td></tr>
<tr><td>双阳城区</td><td>18</td><td>0.5</td></tr>
<tr><td>城市组团</td><td>99</td><td>2.6</td></tr>
<tr><td>镇区</td><td>23</td><td>0.6</td></tr>
<tr><td colspan="2">农村居民点</td><td>175</td><td>4.5</td></tr>
<tr><td colspan="2">独立工矿区</td><td>120</td><td>3.1</td></tr>
<tr><td colspan="2">特殊用地（城镇建设用地外围）</td><td>20</td><td>0.5</td></tr>
<tr><td colspan="2">交通运输及市政用地（铁路、公路、机场、基础设施等）</td><td>60</td><td>1.5</td></tr>
<tr><td colspan="2">其他建设用地（水利设施、水库等）</td><td>203</td><td>0.5</td></tr>
<tr><td rowspan="5">3</td><td rowspan="5">农业地</td><td colspan="2">耕地</td><td>1700</td><td>43.7</td></tr>
<tr><td colspan="2">园地</td><td>26</td><td>0.7</td></tr>
<tr><td colspan="2">林地</td><td>652</td><td>16.8</td></tr>
<tr><td colspan="2">牧草地</td><td>11</td><td>0.3</td></tr>
<tr><td colspan="2">其他农业地（畜禽饲养地、农业设施、养殖水面等）</td><td>124</td><td>3.2</td></tr>
<tr><td rowspan="2">4</td><td rowspan="2">未利用地</td><td colspan="2">河流、湖泊</td><td>155</td><td>4.0</td></tr>
<tr><td colspan="2">未利用（荒草、盐碱、沼泽、沙地等）</td><td>110</td><td>2.8</td></tr>
</table>

6.2.5 土地利用规划环境影响减缓与保障措施

1. 保护耕地

坚持“十分珍惜、合理利用土地和切实保护耕地”的基本国策，妥善处理经济发展与资源环境保护、当前与长远、局部与全局的关系，转变土地利用方式，促进土地集约利用和优化配置，提高土地资源对长春市经济社会可持续发展的保障能力。在长春市规划区范围内，严格保护基本农田保护区，严格控制非农建设用地对耕地的侵占，在确保地区的耕地保有量的基础上，合理确定城镇建设用地供应规模。

2. 集约利用土地资源

保持耕地、林地、园地等自然生态型土地，严格控制规划区内分散村屯的建设；提高城镇建设密集地区土地的开发强度；规划区公路（道路）的规划、建设与管理应有利于土地的集中有序开发；加强闲置废弃地的生态恢复、未开发利用土地的整理复垦，开发后备土地资源。采取灵活的土地政策、税收政策及利益分成制度。

3. 优先控制生态、基础设施廊道及产业空间

严格保护涉及公共利益的具有特殊功能的重要土地资源，如耕地、林地、湿地和风景保护区用地，遏制低水平、重复建设及盲目圈占土地，使经济发展与保护耕地资源相统一。对具有长远和全局意义的、关系城市综合竞争力提升的空间地域、通道或节点进行优先控制。需要加以保护和控制的生态要素有以下 6 个方面：

（1）水源地。

其包括新立城水库水源地一级保护区、二级保护区。一级和二级水源保护区内全部区域实行封山育林，加大水源涵养林建设力度。

（2）风景区。

其包括净月潭国家风景名胜区以及规划区内的流砂森林景区、莲花山景区、世界风景园景区、双阳湖景区、吊水湖景区、官马溶洞景区等。

（3）山体丘陵。

规划区东部和东南部海拔高度为 300m～400m、坡度为 15°～25°的丘陵地带。对这些区域的现有自然生态系统严加保护和控制，特别重要生态功能的区域，通过建立生态保护区，实施严格保护与控制。

（4）生态公益林。

环市绿化带：沿着市区西部和西北部边界，南起朝阳区长岭子村，北至九台市卡伦镇，和东南部的低山丘陵地区共同构成一个完整的生态环。规划主绿带200m～500m，并将距主绿带10km之内的河流、荒山、沟壑等宜林地段全部植树造林。

环城绿化带：以环城高速公路为依托，规划公路外侧500m，内侧100m，其中主绿带150m，营造生态群落稳定的混交林，构筑长春市的第二道生态屏障。

（5）郊野公园。

在伊通河城市下游沿河湿地和自然泛洪区、西新湖水系、农科院（生态农业园）的基础上，规划建设3个大型郊野公园。

北部郊野公园：在伊通河出城区域范围内，结合其自然岸线、沿河湿地和自然泛洪区规划形成城北一处大型郊野公园。

西北部郊野公园：在长白公路和G302国道之间，现状主要为基本农田，基础条件较好。市西北部利用现有农科院（高科技农业产业示范园区）建立以现代都市观光农业和花卉业为主的大型绿地，融生态功能与经济功能于一体的生态区，形成城市西北部郊野公园。

西新湖郊野公园：以西新开河及其相关水域为基础，结合城市西部水域生态建设，在长沈公路和汽车厂区之间形成以水域生态环境为主要特色的郊野公园。

（6）生态廊道。

结合高压线设置生态廊道，规划要求预留50m～100m的廊道宽度。

结合S105长郑线、S106长白线设置道路防护绿带，主要起到卫生防护功能，减少汽车尾气造成的污染。

在伊通河两侧根据实际情况预留50m～200m的生态绿地，形成高标准的生态防护廊道。以串湖水系、西新河水系、永春河水系、李家店河水系、小河沿河水系为依托，连接途经的西安公园、雁鸣湖、西湖、八一湖等公园或水库，建设河段滨河绿带，规划各种水面预留50m～100m的绿化带，建设河流绿色廊道及绿地斑块。

4．实施土地利用总体规划编制的公众参与制度

规划尝试建立规范的公众参与机制。政府应制定相应的法规，规定土地利用规划中公众参与的组织设置、参与形式、参与步骤，确保公众参与的合法性，保证公众参与层面广、参与活动贯穿规划编制全过程。

5. 完善土地规划管理的结构制度

适当改革规划审批与用地审批制度。在严格依法用地审批的前提下，为减少审批行政成本，规划建议调整现行的用地审批程序，即一级政府批准的土地利用总体规划的中心城区建设用地范围内的农用地转用及土地征用权下放到下一级政府，审批结果报规划原批准政府备案；一级政府审批的土地利用总体规划建设用地范围外的建设项目用地，必须报上一级政府审批。

逐步建立规划实施和管理的公示制度。规划建议市、区土地管理部门公开土地利用总体规划实施和管理的工作制度、办事程序，公示规划年度用地计划及其执行情况，公告用地审批及审查结果，为公众提供方便和快捷的规划管理服务。

完善土地用途管制制度。划分土地利用分区时，结合地价体制、税收制度改革等构建分区管制的经济约束机制，制定与经济杠杆、法律监督相衔接的管制规则，建立土地用途转换的预评价制度，加强“占一补一”制度的实施管理。建立土地利用总体规划的动态监测和评价制度。规划成果一经审批，依托信息系统要及时实施实时动态监测制度，及时对规划的实施效果进行评价，总结规划实施成效，客观分析规划实施管理中存在问题，合理指导下一阶段的规划调整。

6. 增强土地规划强制性指标的弹性管理

根据长春市经济发展状况（如地均 GDP、地均财政收入、地均投资密度）确定新增建设用地的调整幅度：机动指标为定量不定位的建设占用耕地控制指标，规划安排不大于建设占用耕地总量的 10%，布局安排在一般农业区内，尽量不占用基本农田。

7. 强化土地利用总体规划经济制度建设，设立专项基金

规划建议积极探索规划方案的财务评价、国民经济评价及规划外部效应评价方法体系；完善规划实施与管理税费制度，如征收规划调整费、高额空地税、土地增值税，提高土地使用税：建立基本农田中报与补贴制度，从土地开发收益中提留部分作为基本农田补助基金，调动农民的积极性；建立规划技术失误与管理失职的经济补偿制度。

小　结

（1）本章分析了长春市城市空间扩展的主要情况及其五大动力机制、城市土地利用效益，并以地理信息系统和景观分析方法为技术支持，对长春市土地利用规划环境影响进行识别和评价。

（2）近几年长春市城市用地快速增长，城市建成区面积从 1990 年的 114.0km^2 增长到 2003 年的 220.0km^2，以 5.19%年平均速度增长。城市的整体重心不断向南迁移，用地扩张呈现较为明显的方向性，主要集中在西南和东南。影响城市扩张的机制主要有城市化影响、经济增长的影响、产业结构影响、国家与地方政策产生的影响和城市自然生长的主要形式。

（3）由于社会经济的快速发展，长春市土地利用空间变化为商业、工业用地大面积增加，而居住用地呈现比例下降。城市土地利用演变过程中均质性空间差异变大，主要由于随城市演变过程中商业用地、公共绿地、公共设施等用地在城市中心集聚，而工业用地主要分布在城市边缘地区。此外，长春市快速发展的城市化进程，引起了土地利用的急剧变化。主要土地利用类型耕地、城乡、工矿和居民用地的破碎度不断增大，草地面积下降。

（4）在以上分析基础上，提出相应的土地利用规划的环境影响减缓与保障措施：保护耕地、集约利用土地资源、优先控制生态、基础设施廊道及产业空间、实施土地利用总体规划编制的公众参与制度、完善土地规划管理的结构制度、增强土地规划强制性指标的弹性管理、强化土地利用总体规划经济制度建设。

第7章　城市交通发展的战略环境评价

本章基于交通环境承载力理论，以长春市交通系统为研究对象，通过建立系统动力学仿真模型，将交通复杂系统分解为环境、资源和交通结构3个子系统，针对包括零替代方案在内的4种不同交通规划方案进行2005~2020年系统动态行为仿真和环境影响评价，并采用差异性函数对交通系统发展的协调度进行分析，完成战略优化。

7.1　长春市交通发展战略分析

7.1.1　研究概述

交通在经济和社会发展中具有重要地位，它的基本功能是满足人和货的流动需求，有效的交通运输系统孕育着重要的经济内涵。而随着社会、经济的发展，人们对交通的快捷、安全、舒适及环境的要求也越来越高，提出了发展与环境相协调的问题。城市道路系统的网络结构、交通政策、发展方向等总体战略问题将对整个城市交通产生极其深远的影响，必须进行宏观规划和全面权衡。因此，一个正确的、全面的交通规划环境影响评价能够科学地评价现状和未来城市交通环境的质量，为制定城市交通发展政策和道路交通建设提供辅助决策信息，对于城市环境保护、交通状况的改善有重要的作用。

目前，欧洲交通规划环境影响评价开展较多，各国普遍认为交通规划环境影响评价是交通项目环境影响评价的发展，更加符合可持续发展原则，因此包括英国、荷兰、法国、丹麦和芬兰等国家对评价程序和评价方法进行较广泛和深入的研究，主要集中在国家层次，重点在交通设施规划方面，特别是交通走廊的设计规划，对综合交通规划的研究较少。国内对于交通规划环境影响评价的研究主要有上海同济大学包存宽等对《上海市城市交通白皮书》进行的环境影响评价工作，把环境影响评价从传统的环境因子扩大到社会、经济和环境范围。南开大学对交通规划技术工作程序和工作内容等进行的研究。李智、鞠美庭等探讨了建立交通规划环境影响评价指标体系的基本框架和技术方法，并以中国大中型城市为背景，建立了交通规划环境影响评价的 DPSIR 可选指标集。尚金城、徐凌对大连市综合交通发展规划的环境影响评价。罗世民等通过对能源消耗、环境污染、土地占用面积等指标分析进行的城市轨道交通的环境评价。

基于交通承载力的城市交通规划环境影响评价通过分析与评价各战略方案与整个城市、区域或地区的可持续环境阈值与承载能力的相容性以及应采取的预防、避免和舒缓不良影响措施的协调性，并尽可能使这些措施在可获取的资源限度内实现可持续发展综合决策，为城市交通发展与环境综合决策提供很好的技术支持。

7.1.2 长春市交通规划主要内容及分析

1）总体规划概况

随着经济的快速发展和人民生活水平的不断提高，长春市作为我国著名的“汽车城”，汽车保有量迅速增长、货物流通量显著增加、交通需求逐渐增大，直接导致城乡严重脱节、交通堵塞现象严重、交通运输效率低下、交通事故频繁发生，严重制约社会经济的发展。依据长春市的交通现状及未来的发展趋势，为满足未来的发展需求，长春市组织编写了《长春市公路（内河）交通“十五”计划及 2020 年远景规划》。规划重点包括两个方面：一方面是对长春市市域公路网进行规划，保证国、省干线上的交通集散的顺利完成和有效连接广大农村区域的集镇和乡村；另一方面对长春市中心城区道路系统进行规划。其目的是保证市民出行的通畅和安全以及城区内部物流运输的便捷和高效。此次评价主要针对《长春市公路（内河）交通“十五”计划及 2020 年远景规划》和《长春市总体发展规划 2005~2020》中长春市中心城区道路系统规划内容作为主要对象，研究目标包括：

① 识别交通规划所带来的各种环境影响。

② 针对交通规划方案的编制程序和内容组成，强调定性与定量方法相结合，提出合理、可行的替代方案。

③ 对长春市社会、经济、环境和交通系统进行模拟仿真，重点考察替代方案实施后可能产生的影响，并提出预防与减缓措施。

④ 建立交通管理与监测体系。

2）中心城区道路系统规划主要内容

（1）城市交通网络结构与布局。

交通网络结构，尤其是城市交通网络结构，决定城市的骨架和城市的发展。由于我国目前的城市交通网络中，轨道交通所占的比例较小。因此，城市交通网络结构主要由道路形成。目前，我国的道路网络发展的评价指标与国外城市相比还很落后，无法满足城市经济和人民日常生活的需要。因此，城市交通网的建设还需要大力发展，其布局规划理论尤为重要。

城市道路网布局指标如下：

① 道路网密度（km/km^2）。道路网密度是指单位城市用地面积内道路的长度，表示区域中道路网的疏密程度，道路网密度既体现城市道路网建设数量和水平，又可反映城市道路网布局质量优劣。

道路网密度（km/km^2）=城市建成区内道路总长（km）/城市建成区用地面积（km^2）

② 干道网间距（km）。干道网间距即两条干道之间的间隔，对道路网密度起着决定性作用。我国没有规定城市干道的间隔，国际上各国采用的标准也不一致。对于特大城市和大城市，以次干道间距不小于300m，主干道间距不小于 600m 为宜；对于城市工业区及城市边缘地区，由于交通量较小，干道间距可以适当增大，以次干道间距为 500m～600m、主干道间距为1000m～1200m为宜。

③ 路网结构。路网结构是指城市快速路、主干道、次干道、支路在长度上的比例，用于衡量道路网的结构合理性。其比例应该逐渐增加，推荐为≤5%、27%～30%、32%和33%～36%。

④ 道路面积率（%）。道路面积率即道路用地面积占城市建设用地面积的比例。为了适应大城市发展的需要，建议我国的城市道路面积率调整到10%～30%较为合适。

⑤ 道路网的可达性。道路网的可达性是指所有交通小区中心到达道路网最短距离的平均值。该指标值越小，说明其可达性越好，路网密度越大，即

$$\overline{L}_{\mathrm{a}} = \frac{1}{N_z}\sum_{i=1}^{N_z} L_i$$

式中：N为交通小区数；L_i为第i交通小区到道路网的最短距离。

⑥ 道路网连接度。

道路网连接度是指道路网中路段之间的连接程度，用下式表示，即

$$J=\frac{2M}{N}$$

式中：M 为道路网中路段数；N 为道路网的节点数。

（2）中心城区道路网络规划。

规划中心城区建设形成“十二横十纵”的城市干道体系，并以此为骨架，结合次干道、城市支路共同形成方格网型的城市道路网系统。并注意在新区道路规划中，对道路横断面进行标准化设置，见表 7-1。

表 7-1 中心城区东西向主要交通走廊功能一览表

序号	道 路	长度/km	主要功能
1	北部快速路	31.3	中心城区北部连接蔡家、兴隆组团的快速交通干道
2	北环路	12.6	北部城区东西向的交通干道
3	柳影路、长新路	6.9	连接铁西、铁北、八里堡地区的交通干道
4	花莲路、青冈路、台北大街、铁北四路、东荣大路	32.3	去往白城方向和吉林北线方向的重要出口，是北部城区东西向的重要快速交通干道
5	迎宾路、西安大路、长春大街、四通路、惠工路	21.3	贯穿中心城区的东西向重要的交通干道
6	景阳大路、解放大路、吉林大路	20.4	城市的横轴线，是去往新机场、吉林方向和西部地区的重要出口，为横贯全市东西方向以客运为主的重要交通干道
7	延安大路、自由大路	13.5	中心城区东西向的交通干道
8	东风大街	9.2	连接国际汽车城、一汽、中心城区的重要通道
9	南湖大路	13.6	去往吉林南线方向重要出口；中心城区东西向的重要的交通干道
10	硅谷大街、卫星路	18.3	南部新城的重要出口；贯穿南部城区东西向的重要快速交通干道
11	南环路	11.1	南部城区东西向的交通干道
12	102 国道	7.8	贯穿南部新城东西向的重要交通干道

规划快速路、主干道、次干道、支路四者之间的比例为 0.64∶1∶1.69∶5.21。平均路网密度为 6.21km/km^2，其中干道网密度为 2.42km/km^2。规划

道路广场总面积为 70.82km²，道路面积率为 17.9%，人均道路面积为 17.9m²。规划道路总长度为 2457km，见表 7-2。

表 7-2　规划道路等级和指标

道路＼指标	设计车速（km/h）	总长度 / km	道路密度（km/km²）	道路红线 / m
快速路	60～80	184	0.47	56～80
主干道	40～60	288	0.73	40～60
次干道	40	485	1.23	28～40
支路	30	1500	3.79	20～28

根据长春市城市交通发展战略的方向，规划区远景的出行交通方式结构将更加趋向合理，公共交通的出行比例会进一步提高。其具体情况详见表 7-3。

表 7-3　未来长春市区全方式交通出行结构预测

年份	步行/%	自行车/%	公共交通/%	其他机动车/%	合计
2010	24.4	18	35	22.6	100
2020	20.5	13	45	21.5	100

3）快速轨道交通规划内容

（1）线网规划。

本次规划确定线网是由两套制式、5 条线组成，其中 3 条放射线为大运量的地铁主干线、两条半环线为中运量的轻轨辅助线。规划用放射线沟通中心区与外围的联系，用两条半环线加强中心区各部分之间的联系。线网总长为 187.2km，有换乘站 12 处。线网密度达到 1.1km/km²，中心城区线网密度达到 0.45km/km²，见表 7-4。

表 7-4　线网规划一览表

线　路	起　点	终　点	总长/km	站　数
1 号线	兰家	永春	35.6	17
2 号线	警备路	香水	29.1	17
3 号线	东郊	净月	40.2	35
4 号线	合心	南环	39.6	22
5 号线	富锋	兴隆山	42.7	22
合计	187.2			

（2）车辆段及停车场规划。

车辆段及停车场规划内容见表 7-5。

表 7-5 规划场站用地规划一览表

线　路	场站名称	占地规模/hm^2	场站名称	占地规模/hm^2
1 号线	永春综合检修基地	25.5	兰家停车场	14
2 号线	开源堡车辆段	17.5	香水停车场	14
3 号线	电台街车辆段	14	东郊停车场	14
	净月停车场	14		
4 号线	南外环综合检修基地	26	合心停车场	14
5 号线	富锋车辆段	17.5	兴隆停车场	14

4）常规公交规划内容

（1）线路发展规划。

其主要内容见表 7-6。

表 7-6 规划开辟新线路表

序　号	线　路	线路起终点	线路长度/km	配　车
1	42	酒宫——火烧里	17	20
2	43	后十里堡——净月开发区	12.2	20
3	44	后十里堡——市制碱厂	11.2	20
4	45	火烧里——汽车厂	8.8	15
5	46	体育场——绿新大市场	15.3	30
6	47	高速客运站——净月	11.3	10
7	48	雁鸣湖——长春站	8	10
8	49	长春站——净水山庄	12	30
9	50	长春站——龙家堡机场	30	20
10	55	和平大路——长春站	8	20

（2）公交场站设施规划。

新建 19 处公交场站。

（3）公交专用车道规划。

规划在亚泰大街、长春大街、人民大街、自由大路等市区公交线路通过密集、条件较好的道路上开辟公交专用车道，提高公交车的运营车速，使居民出行更加快捷。

（4）出租车发展规划。

由于中心城区的出租车发展已经基本达到饱和，未来 20 年在经营总量上要适度控制发展，至 2020 年总量控制在 18000 辆以内，主要在服务质量和经营理念上要有长足的发展，提高出租车行业的科技含量，使之更好地为市民出行服务。

（5）客运枢纽规划。

规划 10 个公共交通枢纽站，分别位于长春站、人民广场、卫星路、西客站、百利市场、友谊商店、东大桥、春城大街、靖宇广场和富奥花园，见表 7-7。

表 7-7　公共交通枢纽规划一览表

编　号	位　置	备　注
1	长春站	火车站、公路客运站、地铁、轻轨与公交线路集中换乘处
2	人民广场	地铁、公交线路集中换乘处
3	卫星路	高速公路客运站、地铁、轻轨与公交线路换乘处
4	西客站	火车站、公路客运站、地铁、公交线路换乘处
5	百利市场	轻轨、公交线路换乘处
6	友谊商店	地铁、公交线路换乘处
7	东大桥	轻轨、公交线路换乘处
8	春城大街	公路客运站、公交线路换乘处
9	靖宇广场	轻轨、公交线路换乘处
10	富奥花园	轻轨、公交线路换乘处

5）静态交通规划内容

现阶段，停车场规划布局主要根据不同区域范围和不同的停车需求，建设不同规模的停车场，来解决停车供需矛盾问题，主要规划措施如下：

① 城市核心区以小型停车场为主（50 辆～200 辆规模），采用立体停车楼（库）及地面停车场为主，一定数量的占道停车场为辅，以公共建筑配建停车场为补充的停车模式。

② 各分区中心及外围组团中心以中型停车场（200 辆～500 辆规模）为主，根据用地情况，灵活布置停车场的规模和形式，确定各个区域内的停车泊位数，控制停车总量。

③ 在长吉公路、长哈公路、长平公路等城市周边主要对外公路的出

入口附近规划大型停车场（500 辆～1000 辆规模），为出入境车辆和过境车辆提供服务，同时也缓解外来车辆对城市交通产生的压力。

6）交通管理规划

（1）加快平面交叉口信号控制设施建设。

根据需要与可能制定分期分批安装信号灯的计划，力争建立起完整的交叉口信号灯控制系统，进一步优化调整信号配时方案，使交通流更加顺畅。

（2）增强市民交通安全和守法意识。

利用一切宣传介质进行《道路交通安全法》等交通法规与安全的宣传、教育，提高全体市民的交通安全和守法意识。

（3）研究制订科学的交通组织方案。

充分研究和制订单向行驶路线方案，使单行线系统能够形成网络，以期降低道路网的负荷水平。采取公交优先行驶的措施，开辟公交专用道系统，提高公共交通的服务水平，增强公共交通的竞争力，提高长春市客运交通出行的公共交通分担率，促进长春市客运交通结构的调整和优化。

（4）强化对大型交通集散点的交通管制。

继续加强对铁路客运站、重要旅游点、货场等大型交通集散点的交通管制。同时进一步实施单向交通、交叉口禁止左转弯等空间分流措施，以提高道路系统的通行能力，缓解交通拥挤阻塞的状况。

（5）建立和完善交通信息采集及信息管理系统。

交通信息及相关信息，是城市交通规划、建设、管理科学化与现代化的基础和前提条件，应尽快组织城市规划、公安交通管理、市政建设等方面的力量，统筹安排布置城市交通信息采集及数据库的建立工作，形成全市共享的交通信息管理系统；将来在条件具备时，应着手建立所必需的城市交通辅助决策系统。

7.2 长春市交通规划的环境影响识别

长春市交通规划实施后的开发活动会对社会、经济、环境特别是居民的生活和工作产生一定的影响。交通规划的开发活动可以分为建设期和运营期两个阶段，其产生的影响如下：

建设期的环境影响主要包括生态环境破坏、声环境、水环境和大气环境的污染，此外，还包括一些固体废弃物污染和社会影响等。运营期的影响包括交通规划对“城市蔓延”的影响、对交通便捷性和畅达性的影响、对交通安全的影响和对经济增长的影响，这里将对长春市交通规划的环境影响进行重点识别和分析。环境影响识别作为评价因子筛选和指标体系建立的基础，为替代方案的内容确定提供指导作用。在对长春市交通规划进行分析的基础上，通过采用核查表法，对长春市交通规划包括建设期、运营期、累积和减缓措施的环境影响，从资源消耗或占用、能源消耗、环境污染、生态破坏、景观影响和安全影响等 6 个方面进行了识别，结果见表 7-8。

表 7-8　长春市交通规划环境影响识别表

环境影响 \ 交通规划执行			建设期	运营期	减缓措施	累积影响
资源消耗或占用		水资源	●●	■■	○	■
		土地资源	●●●	■■■	○	■■
能源消耗		煤	—	■	□□	□
		石油	—	■	□□	□
环境影响	环境污染	温室效应	—	■■	□	■■
		臭氧层破坏	—	■■	□	■■
		大气质量	●	■	□□	■
		地表水环境	●	■	□	■
		地下水污染	●	■	□	■
		噪声	●●	■■■	□□	■■
环境影响	环境污染	固体废弃物	●●●	■	□	■
		土壤	●●●	■■	□	■■
	生态破坏	植被破坏	●●●	■■	□	■
		生物多样性	●●●	■■	□	—
		水土流失	●●●	■■	□	■■
	景观影响		●●●	■■	□	■■
	安全影响		●●	□□	□□	□

注：□/○：长期/短期有利影响；■/●：长期/短期不利影响；—：相互作用不明显或不确定。

长春市交通规划的实施在提高道路通行能力的同时，可以保证环境质量，因此基本符合可持续发展要求，进而肯定了交通规划制定和实施的必要性。但交通规划措施在改善交通状况、带动经济发展的同时，对周围环境也带来一定的影响，有些是正面效益，有些是负面效益。其对交通状况的改善和产生的环境影响见表 7-9。因此，要从根本上解决交通问题，同时减缓对环境状况产生的不利影响，尤其是占用土地和自然景观破坏方面影响，要在充分吸收规划方案的基础上提出长春市交通规划的替代方案，并进行方案优选与环境影响减缓措施分析。

表 7-9　交通规划措施对交通及环境影响的分析

规划措施（传统和新增） \ 交通状况和环境要素			交通状况	噪声污染	大气污染	土地利用	景观破坏
市域交通状况的改变措施	传统	公路网长度的增加	○	■■	—	■■	■■
		外围地区公路等级的提高	○	■■	—	■■	■■
		客货运枢纽的重新布设	□□	○	□	●	●
	新增	不同等级公路合理比例分配	□□	□	□	—	—
		新商业中心的建立	□	■	—	●	—
		城市出入口公路的合理规划	□□	○	○	●	□
城区交通状况的改变措施	传统	提高中心城区的公路等级	○	■■	—	■■	●
		交通枢纽、换乘枢纽的重新布设	○	○	□	●	●●
		轨道交通系统的运行和使用	○	□	□	■	■■
		大型停车场的建立	□	—	—	●	●●
		鼓励采用公交方式出行	□□	□	□	—	—
		交通管理信息系统的建立	□□	□	□	—	—
	新增	各级公路的合理比例分配	□□	—	□	—	—

注：□/○：长期/短期有利影响；■/●：长期/短期不利影响；—：相互作用不明显或不确定。

7.3 长春市交通规划替代方案的环境影响预测与评价

7.3.1 长春市交通规划替代方案

1）长春市交通规划替代方案的制定原则

（1）目标约束性原则。

替代方案作为原有规划方案的有力补充，甚至有可能代替原有规划方案而发挥作用，这就要求替代方案的制定目标不能偏离原有规划方案的战略目标，应该以改善长春市中心城区的交通状况以及加强中心城区与外围地区的联系和沟通为主，同时注意考虑环境污染控制和生态破坏问题。

（2）充分性原则。

原有交通规划方案对于改善交通状况的措施的制定，在对外交通方面主要强调增加公路网长度、提高公路等级和公路枢纽的重新布设，忽略上述措施所带来的环境问题，忽略不同等级公路的比例配置、相互配合问题以及内外交通的衔接问题；在对内交通方面主要强调采用公交方式优先来减少私人汽车的污染排放问题，忽略交通基础设施的建设、交通管理措施的制定以及替代能源的使用等相关措施。替代方案的制定，应该从不同的角度出发去设计，强调替代方案的内容多样性，作为原有方案的有力补充，必要的时候可以代替原有方案发挥其应有的作用。

（3）现实性原则。

鉴于规划方案目前已经开始实施，评价工作者在充分了解交通规划方案的实施情况和实施效果的基础上，充分借鉴原有的规划方案，从中吸取有益的经验和教训，通过对长春市的社会状况、经济状况、交通状况、资源条件和技术条件等各方面要素的认真调查和了解，制定合理、可行的替代方案。

（4）广泛参与的原则。

交通规划方案存在一定的缺陷和问题，一个重要原因是规划方案的制定人员以交通部门人员为主，目标方向单一、考虑问题存在一定的片面性，而交通规划所面向的是一个包括社会、经济、环境和交通等多方面要素组成的复合系统，要求不同领域、不同学识的人或团体共同参与制定替代方案，只有这样才能保证形成方案的科学性和可行性。

2）长春市交通规划替代方案内容

（1）方案I：零替代方案。

保持长春市交通系统各因子发展现状，对各子系统动态行为进行预测。1995～2003 年长春市机动车保有量以年均 11.5%的速度增长，规划区内出行以向心交通为主，主要是中心城区内部出行以及外围城区、组团与中心城区之间的交换。出行方式中步行∶公共交通∶自行车比例为 47.76∶24.05∶16.77，居民平均出行次数 2.54 次/日。长春城市干道网体系基本建立，中心城区现状道路总长度为 936.5km，道路网密度为 4.53km/km^2。其中主干道长度 242.5 为 km，中心城区各类机动车停车场 673 个。城市道路交通声环境质量较好，但夜间部分路段超标。

（2）方案II：基本方案。

其主要包括提高中心城区的道路等级和快速轨道交通规划。规划中心城区建设形成“十二横十纵”的城市干道体系。规划快速路、主干道、次干道和支路，四者之间的比例为 0.64∶1∶1.69∶5.21。平均路网密度为 6.21km/km^2，其中干道网密度为 2.42km/km^2。规划道路广场总面积为 70.82km^2，道路面积率为 17.9%，人均道路面积为 17.9m^2，道路总长度为 2457km。快速轨道规划确定线网由两套制式、5 条线组成，其中 3 条放射线为大运量的地铁主干线、两条半环线为中运量的轻轨辅助线。线网总长为 187.2km，有换乘站 12 处。线网密度达到 1.1m/km^2，中心城区线网密度达到 0.45km/km^2。

（3）方案III：扩展方案。

其主要内容包括建立合理的路网级配结构、优先发展公共交通、客运枢纽合理规划、建立大型停车场和智能交通系统等。快速路∶主干道∶次干道∶支路的规划建设比例设为 7∶18∶20∶55，推进快速路和主干道网建设的同时，重视城市次干道和支路网的建设。发展绿色的公共交通运输系统，最终建成以快速轨道交通为骨架，以常规干线公交为主力，以支线公交与出租汽车为有效补充的综合公交体系。规划 2010 年长春市区全方式交通出行结构步行∶自行车∶公共交通∶其他机动车为 24.4∶18∶35∶22.6；2020 年达到 20.5∶13∶45∶21.5。综合考虑方案中停车场的位置分布和建设成本，规划新建停车场 35 个，并采取限制停车供应总量，限制中心区停车种类，优化停车设施布局和控制停车时间等措施。建立智能交通系统，利用高新技术来改造现有道路运输系统及其管理体系，从而提高路网通行能力和服务水平，同时提高交通安全水平。

（4）方案Ⅳ：基本方案+扩展方案+环保方案。

在基本和扩展方案实施的基础上，进一步强调环保措施的执行。采用交通替代能源和清洁能源，目前可以代替石油作为燃料的物质主要包括压缩天然气、液化石油气、醇类燃料、氢气和电能。降低汽车能源消耗量和削减汽车排放污染物的最根本途径，就是依靠降低汽车燃油消耗、汽车排放控制技术的开发和应用。控制道路交通噪声应从声源、传播途径和接收者三方面入手，强调在声源上降低噪声、传播途径上隔断噪声和必要的接收者保护。控制噪声的基本措施包括控制噪声源、改善道路交通状况和路面状况、合理布置路网、设置声屏障和绿化带等措施，绿化防护带宽度为50m～100m，其中绕城高速公路绿化隔离带宽度内为100m，外为500m。另外，调整城市形态结构、产业布局和土地利用，优化和控制城市居民出行总量，规划提出的“一城一区八组团多镇区”的规划区结构有利于交通流量均匀分配，避免局部交通过于集中，并尽可能在城市规划区范围内土地利用上相对集约，同时尽量控制建设密度，从而降低交通出行总量。

7.3.2 长春市交通规划替代方案的环境影响预测

1）理论框架

（1）交通环境承载力。

城市交通战略的环境影响评价，可以采用交通环境容量和交通环境承载力这两个关键指标来衡量。交通环境容量（Traffic Environmental Capacity,TEC）是指在人类生存、生态环境和资源利用不致损害的前提下，某一交通环境系统排放污染物的最大负荷量或其利用环境资源的最大使用量。可分为两类：①交通环境污染容量，指环境对交通系统排放的CO、碳氢化合物、NO_x等污染物的最大负荷量；②交通环境资源容量，指环境提供给交通系统的土地、能源等的最大使用量。TEC 是环境容量的一个组成部分，可以表达为

$$\mathrm{TEC}=aV$$

式中：a为交通环境容量在城市总的环境容量中占的比例系数。

由于TEC的限制，交通环境所能负荷的交通总量有限。交通系统发展需要利用环境资源，并向环境排放一定数量的污染物。环境对交通系统的负载能力称为交通环境承载力（Traffic Environmental Carrying Capacity, TECC），主要取决于单位交通量的排污强度和资源消耗量。它也可划分为

交通环境污染承载力和交通环境资源承载力，发展城市交通不能突破交通环境承载力，因而存在着一定时期 t 内城市交通系统发展的规模上限 $\max\{\mathrm{CTQ}(t)\}$，它应该满足

$$\max\{\mathrm{CTQ}(t)\} \leqslant \min\{\mathrm{TEPCC}(t), \mathrm{TESCC}(t)\}$$

式中：TEPCC(t)为 t 时期交通环境污染承载力；TESCC(t)为 t 时期内交通环境资源承载力。

交通环境容量和交通环境承载力作为两个密切相关、又各有侧重的概念和指标，前者从宏观上表征环境可提供给交通发展的最大纳污量或资源量，后者则反映了城市交通与资源环境在微观上的作用和机制，用以描述某个时期、一定技术水平下、城市环境体系所能支撑的交通系统的最大规模。

（2）系统结构。

长春市交通系统是一个具有复杂性、多层次性、反馈性等特点的复杂系统，综合可持续交通的要求，存在城市交通环境容量、交通环境承载力等阈值，对整个系统具有控制和约束作用。针对长春市社会、经济和环境状况及交通现状，以城市交通规划的目的和规划实施后可能带来的影响为基础，认真分析影响规划实施效果的各方面因素，确定系统的组成内容包括社会子系统、经济子系统、环境子系统和交通子系统。在交通承载力理论基础上，对与交通相关的资源环境系统、交通需求系统和交通运输组织管理系统的运行机理进行分析，描述其因果关系，用系统流图的形式表示机理框架，见图 7-1。

2）系统模型预测

依据城市交通承载力理论对长春市交通系统进行分析，在此基础上采用系统动力学方法，建立数学的规范模型，通过 VENSIM 软件仿真对长春市不同交通规划方案进行环境影响评价。系统动力学（System Dynamics，SD）集系统论、控制论、信息论和计算机仿真技术于一体，能定性与定量地分析研究系统，以结构—功能模拟为其突出特点，在解决非线性、控制阈值及反馈环等问题上具有优势。

（1）系统分析。

① 环境子系统。环境子系统作为交通系统的重要限制性因子，其质量的好坏将直接决定交通规划方案的筛选和最终结果确定。因此，环境子系统的主体变量以反映规划区域的环境质量状况为主，重点反映交通环境影响，

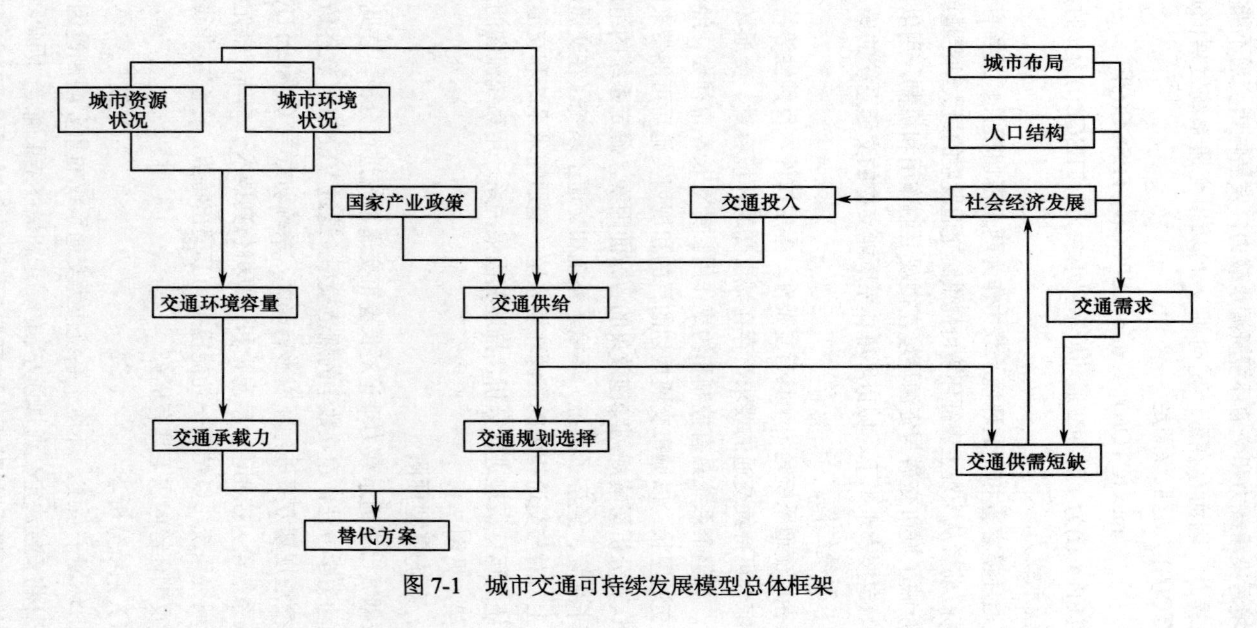

图 7-1　城市交通可持续发展模型总体框架

通过相互之间逻辑关系的建立，反映交通状况、交通设施的变化对环境质量的影响情况，见图 7-2。城市交通产生的主要环境问题为公路运营期汽车尾气污染物的排放和交通噪声对周围地区乃至整个区域的影响。汽车排放的CO、NO_x、碳氢化合物和微粒等直接对人体健康造成危害。因此，选取CO、NO_x、排放量和交通噪声值作为系统的状态变量，并以各自产生量、削减量和增降值作为速率变量。根据环境系统污染物的输入输出模型，第 i 种大气污染物的排放总量 $X_i=Y_i-P_i+(C_i+Q_i)$，其中 Y_i 为预测通车年区域第 i 种大气污染物的排放总量控制目标值，P_i 为第 i 种大气污染物的限值，C_i 为第 i 种污染物自净量，Q_i 为第 i 种污染物扩散量。公路车流量和路网密度共同作用于交通噪声，影响系数通过回归模型确定，其中等效车流量采用交通部车型分类标准和折算系数计算。同时考虑汽车工艺改进、替代能源和清洁能源的使用对于污染物排放量的影响效果，以及路面状况和交通状况的改善对于噪声的影响。

② 资源子系统。资源子系统主要考虑交通对石油的消耗，以提高资源利用效率、降低资源消耗速度为调控目标，见图 7-3。将交通系统总耗油量和运输业生产总值作为状态变量，通过反馈关系连接辅助变量、影子变量等探讨各种出行方式的石油消耗。系统还包括各种环保措施如替代能源、汽车燃油效率提高的实施影响效果及其建设资金投入等。

③ 交通子系统。交通子系统能够很好地反映不同规划实施的效果，系统内部变量间逻辑关系的确定将直接影响其他子系统内容。在系统建立过程中，充分考虑人口、经济、资源、交通要素等各方面影响因素。同时，在上述影响因素的变化过程中，该子系统主体变量要能够反映区域交通状况的变化情况，反映不同影响因素的影响作用和强度，为交通规划方案的筛选和最终确定提供科学依据，见图 7-4。

中心城区道路系统规划以道路总通行能力作为状态变量，道路通行能力又称道路容量，是指道路的某一断面在单位时间内所能通过的最大车辆数，即

$$N=\sum_{i=1}^{n}\frac{A_iT_i}{C_i}$$

式中：A_i 为第 i 类路网的有效营运面积；T_i 为第 i 类路网的有效营运时间；C_i 为第 i 类路网的交通个体时空消耗。

同时考虑土地利用功能影响、停车场建设的影响，并根据不同出行方式的选择比例，确定中心城区各种机动车的数量，综合考虑包括 GDP 产值、

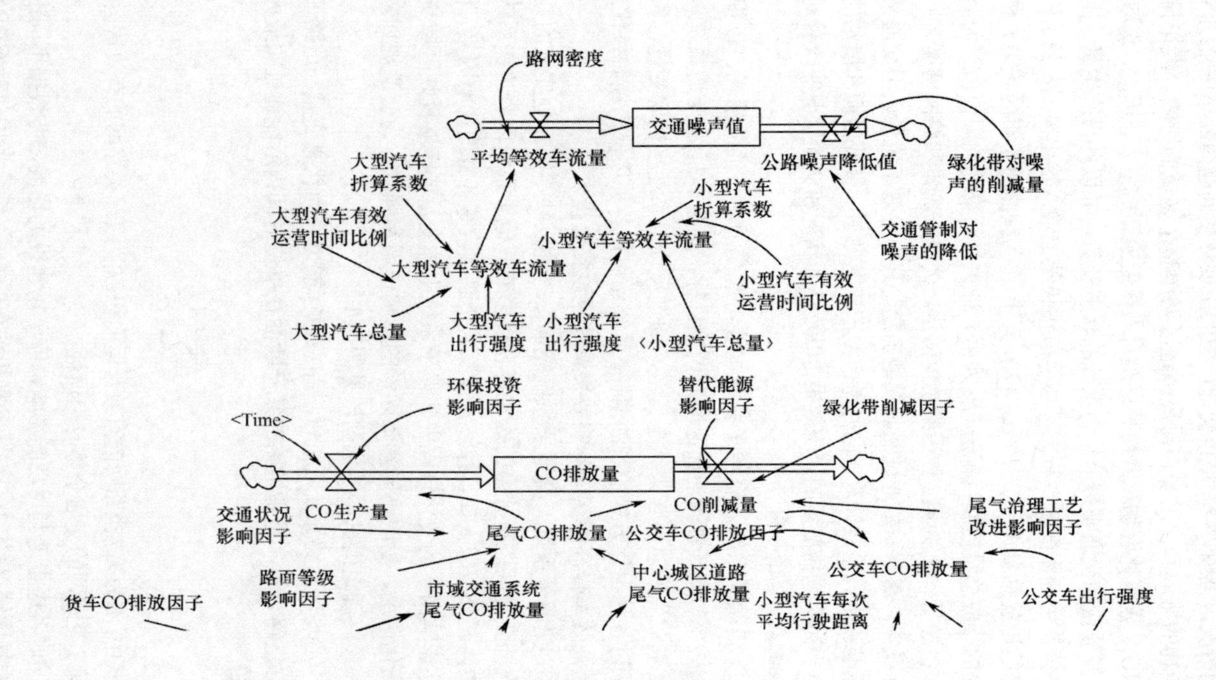
路网密度
交通噪声值
平均等效车流量
公路噪声降低值
绿化带对噪
声的削减量
大型汽车
折算系数
小型汽车
折算系数
大型汽车有效
运营时间比例
小型汽车等效车流量
交通管制对
噪声的降低
大型汽车等效车流量
小型汽车有效
运营时间比例
大型汽车总量
大型汽车
出行强度
小型汽车
出行强度
〈小型汽车总量〉
环保投资
影响因子
替代能源
影响因子
绿化带削减因子
<Time>
CO排放量
CO生产量
CO削减量
尾气治理工艺
改进影响因子
交通状况
影响因子
尾气CO排放量
公交车CO排放因子
公交车CO排放量
路面等级
影响因子
市域交通系统
尾气CO排放量
中心城区道路
尾气CO排放量
小型汽车每次
平均行驶距离
公交车出行强度
货车CO排放因子

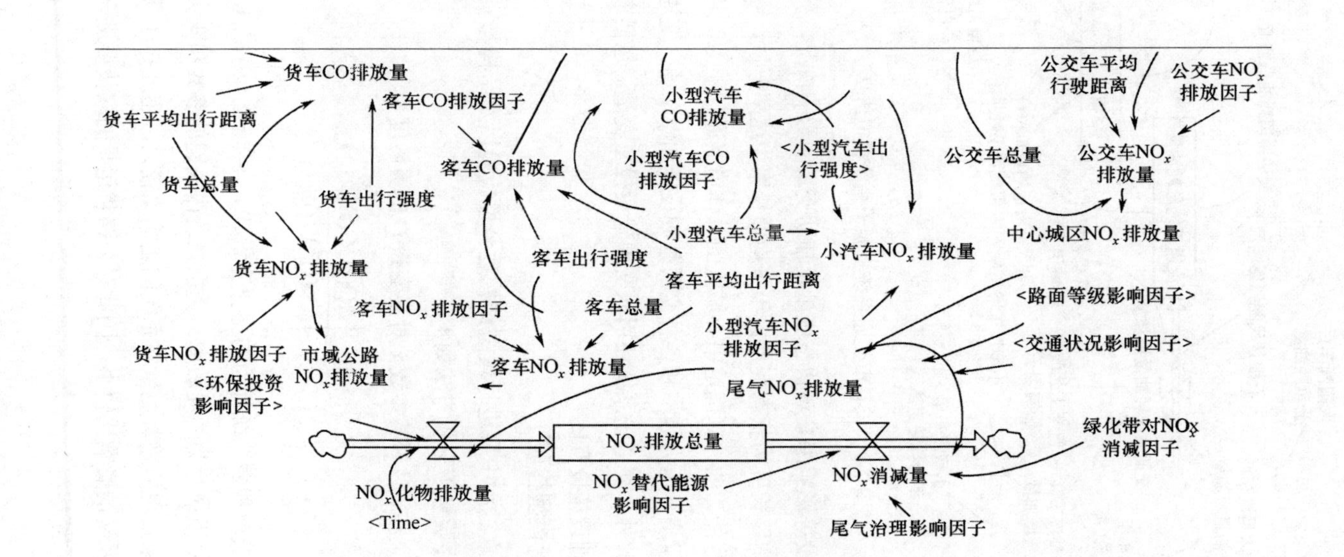

图 7-2　长春市交通系统环境子系统模拟仿真

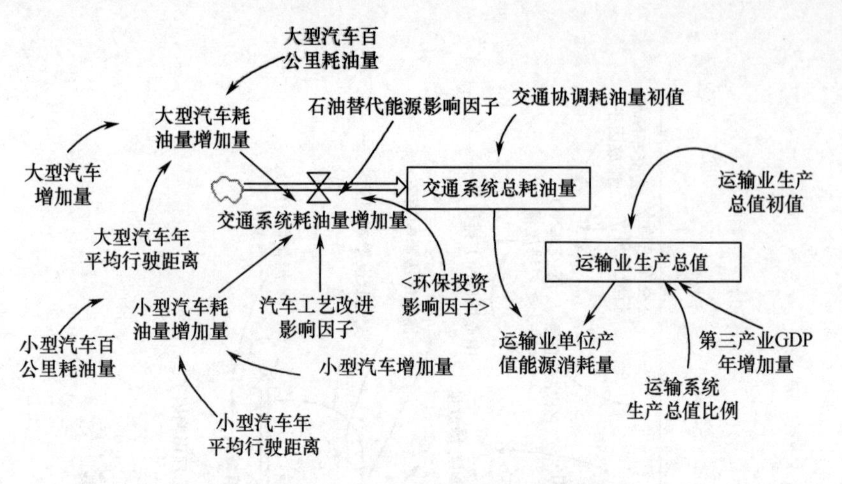

图 7-3　长春市交通系统资源子系统模拟仿真

交通枢纽布设等影响因素对状态变量及辅助变量的影响情况。另外，以城市中心城区道路长度为状态变量，年平均增长率为速率变量，通过对不同等级道路通行能力的计算确定中心城区的总体道路通行能力，并注意各种外界因素如投资、压力等，和各种交通基础设施如停车场、交通枢纽等的影响作用。此外，交通子系统还引入交通建设投资变量，包括道路建设投资和交通基础设施投资。

3）系统模型检验

模型建立过程中要进行模型结构适合性检验以及结构与实际系统一致性的检验。灵敏度分析方法如下：

首先定义在 t 时刻某参数 x 对某变量 Q 的灵敏度为

$$S_Q = \left| \frac{\Delta Q(t)/Q(t)}{\Delta X(t)/X(t)} \right|$$

然后，选取代表系统行为的主要变量 P_i，(i=1，2，…，n)，定义在 t 时刻某参数对系统行为的灵敏度为选取系统内关键的参数和变量进行灵敏度分析，结果发现公路货运量对系统的影响比较大，超过 0.1，灵敏度高，其他参数对系统的影响比较小，因此对公路货运量的取值要进一步考核，尽量与真实系统相符。

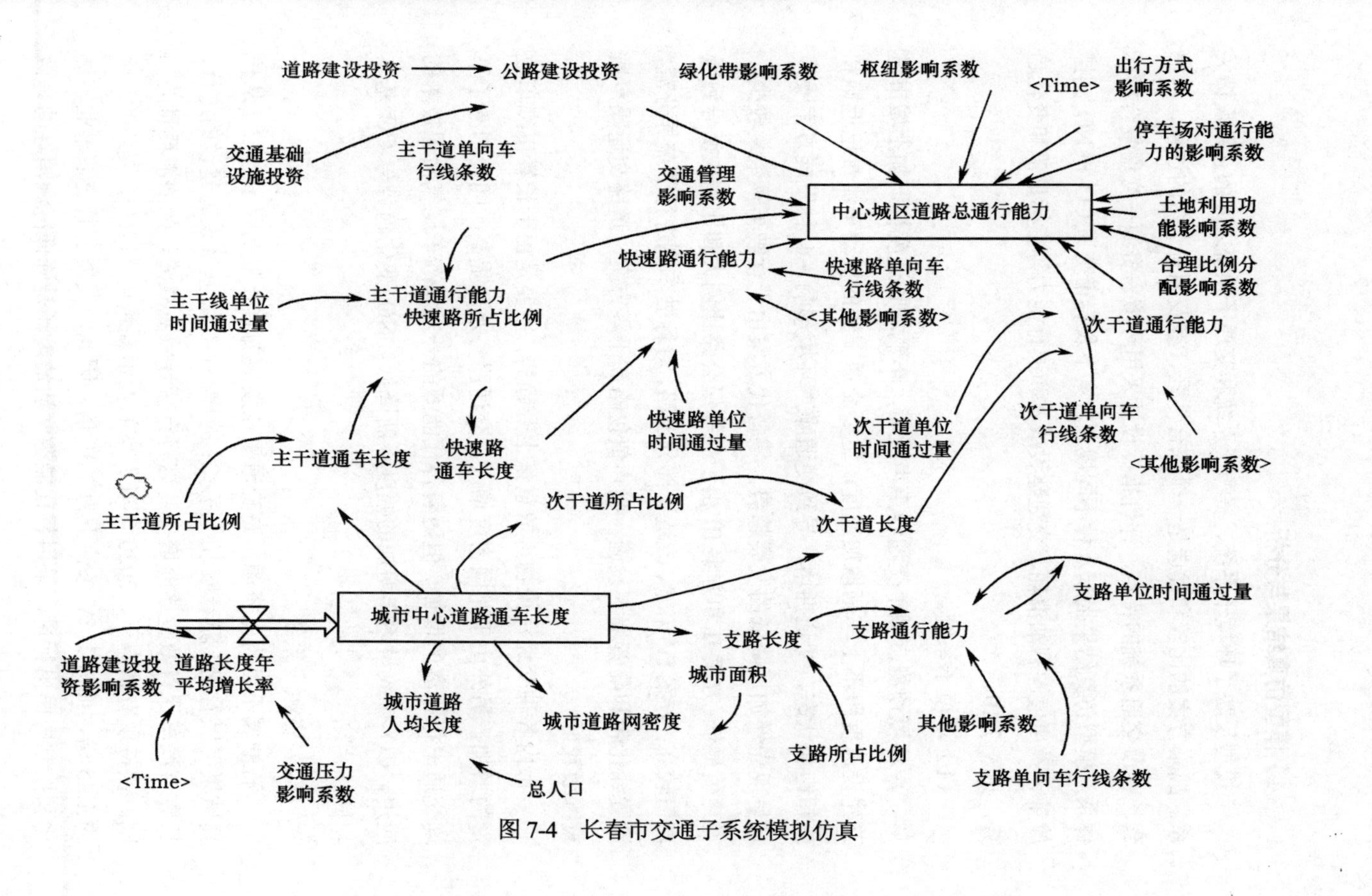

图 7-4　长春市交通子系统模拟仿真

4）**模型仿真结果与分析**

模型反映了环境子系统、资源子系统和交通子系统之间的互动反馈关系。战略方案的比较和优选是一个综合性强、涉及因素众多的过程，考虑到长春市交通系统的特点，评价指标设计采用环境—资源—交通复合指标体系，模型仿真结果揭示 4 种不同规划方案下长春市交通 CO 和 NO_x 的排放量、噪声值、石油消耗、交通建设成本和通行能力等指标量值和变化趋势，见表 7-10。

（1）环境子系统。

声环境预测：城市交通噪声声级高，车辆增长速度快，加上城市道路建设速度跟不上车辆增加速度，主要交通干线的机动车流量已近饱和或超饱和状态，交通拥堵，导致交通噪声环境影响。4 种发展方案噪声均呈现先增加后降低的发展趋势。零替代方案由于行驶车辆数量较少，噪声值最低；方案 II 和方案 III 由于高等级公路比例大和比例失衡导致噪声值较高；方案 IV 拓宽、改造了部分道路，对行驶车辆进行了疏导分流，设置绿化带和隔音墙等设施，噪声值仅略高于零方案，道路交通噪声质量等级较好。

市内各种交通污染物排放量呈上升趋势，主要是由于长春市汽车数量的增加，另外由于路网密度增大，交通服务水平提高，间接刺激了平均交通出行距离的增加。但随着替代能源的开发和汽车尾气治理技术的应用，CO 排放量逐年增加的幅度不断降低。NO_x 变化趋势与 CO 基本相同。

（2）资源子系统。

石油属不可再生资源，是交通事业发展的重要限制因子之一。从仿真结果可以看出，随着城市经济水平的提高，交通基础设施建设的进行，长春市汽车保有数量逐渐增多，这将直接导致对汽油、柴油消耗量的加剧。保持现有状态下，2020 年长春市石油消耗量达 11760t，是 2005 年的 1.45 倍，而方案 IV 条件下为 1.25 倍。因此，发展公共交通事业、优化和控制居民出行量，采用替代能源、清洁能源是降低能源消耗的有效途径，必须受到重视。通过制定相关措施，限制私人汽车数量的发展，鼓励公共交通和清洁的通行方式。目前，汽车燃油消耗降低措施包括改进发动机结构、企业合理组织生产和政府部门宏观调控等。汽车排放污

表 7-10　不同规划方案下长春市交通系统指标量值

复合指标	辅助指标	方　案	2005	2010	2015	2020
环境指标	$NO_x/\times10^3t$	I	3.70	4.61	5.48	6.14
		II	5.20	7.28	8.90	9.70
		III	5.80	7.90	9.58	10.20
		IV	5.35	6.90	7.98	8.30
	$CO/\times10^4t$	I	3.60	4.91	6.53	7.98
		II	4.90	6.79	8.52	9.37
		III	5.40	7.80	9.47	10.25
		IV	5.10	7.10	8.47	9.34
	噪声/dB	I	68.00	68.30	68.20	68.00
		II	69.20	70.10	79.20	68.50
		III	69.50	70.20	70.40	68.30
		IV	68.20	69.70	68.50	68.10
资源投入指标	石油/t	I	8110	9404	10210	11760
		II	8395	9732	11070	12170
		III	8921	10390	12080	13098
		IV	8746	9645	10300	10970
	建设成本/$\times10^8$元	I	20.00	21.40	23.00	24.30
		II	21.00	23.00	25.00	28.00
		III	23.00	27.50	29.00	32.00
		IV	25.00	30.00	31.50	29.50
交通指标	通行能力/$\times10^5$	I	3.25	3.87	4.35	4.86
		II	4.52	4.90	5.10	5.75
		III	5.92	6.74	7.30	8.15
		IV	5.68	5.95	6.50	7.17

染物控制技术可以分为三类：以改进发动机燃烧过程为核心的机内净化技术；在排气系统中采用化学或物理的方法对已生成的有害排放物进行净化的净化后处理技术；以及来自曲轴箱和供油系统的有害排放物进行净化的非排气污染控制技术。

近几年来，长春市用于道路交通建设的投资每年约 20 亿元，应不断加大交通科技投资比例。随着先期道路建设工程和交通基础设施建设工程的广泛开展，公路建设经济成本表现为先呈现指数增长，而后逐渐趋于平缓。随着建设成本的提高，城市交通将有明显改观。

（3）交通子系统。

长春市作为吉林省的中心城市，2020 年中心城区人口控制在 395 万人，规划区内城镇化的进程将进一步加快，人口向城镇的聚集使城市交通需求提升至新的水平。在未来一段时期内，进入机动化快速增长期，特别是初始期，由于交通结构不够完善，人们对个体化交通过分依赖，将会加重交通负面影响。根据预测结果，中心城区 2010 年每日居民出行总量将达到 929.2 万人次，2020 年达到 1481.7 万人次。在合理的交通结构状态下，2010 年城市路网的总体容纳能力达到 35 万辆，2020 年达到 61 万辆。到 2020 年，中心城区建立起规划的道路网体系，公共交通在全方式交通出行中占至 45%道路网平均负荷为 0.75，道路处于良好的运行状态。公共电汽车拥有水平发展到 2010 年的 1.0 标台/千人和 2020 年的 1.5 标台/千人；市区公交线网密度在 2010 年和 2020 年分别达到 $3km/km^2$ 和 $3.5km/km^2$。通过表 7-10 可以看出，随着交通规划的不断实施，市域公路子系统的道路通行能力远远大于车辆行驶距离，为交通运输业的快速发展留有足够的余地和奠定良好的基础，其总体变化趋势表现为先显著增长，再趋于平滑。其中方案 III 道路通行能力最强，方案 IV 改变道路附近的土地利用功能，而加宽道路宽度，有效地提高道路通行能力，但考虑经济成本，设置隔音墙和绿化带设施等投入其通行能力小于方案 III。其他方案由于公路比例和分配不合理，道路通行能力较低。

7.3.3 长春市交通规划替代方案的评价

为使用统一方法对城市交通系统指标进行评价，需要对各参数数据采用下式进行归一化处理，即

$$W_i=w_i/\sum w_i \quad i=1，2，\cdots，n$$

各指标的权重采用层次分析法确定，它对同一层次有关因素的相对重要性进行两两比较，并按层次从上到下合成方案对于目标的测度。应用层次分析法方法确定指标权重，主要分为 4 步：①分析系统中各元素间关系，建立系统的递阶层次结构；②对同一层次的各元素关于上一层次中某一准则的重要性进行两两比较，构造两两判断矩阵；③由判断矩阵计算被比较元素对于该准则的相对权重；④计算各层元素对系统目标的合成权重并进行计算。按照以上方法分别对环境、资源投入和交通指标进行综合。

要全面评价一个城市交通系统，仅研究其不同阶段的环境、资源投入和交通结构指标发展趋势是不够的，要定量化反映不同规划方案在 3 个方面发展的差异性，即发展协调程度。因此，可定义一个差异性函数对各方案进行评价。要达到较高的可持续发展水平，各方案阶段指标值之和要大，内部的差异性尽量小，追求总体的均衡和协调发展。根据长春市交通系统不同规划方案 2020 年评价指标仿真预测值，通过差异性函数分析得出各方案的差异性（线段上数字表示线端数字代表的指标的差异性），如图 7-5 所示。

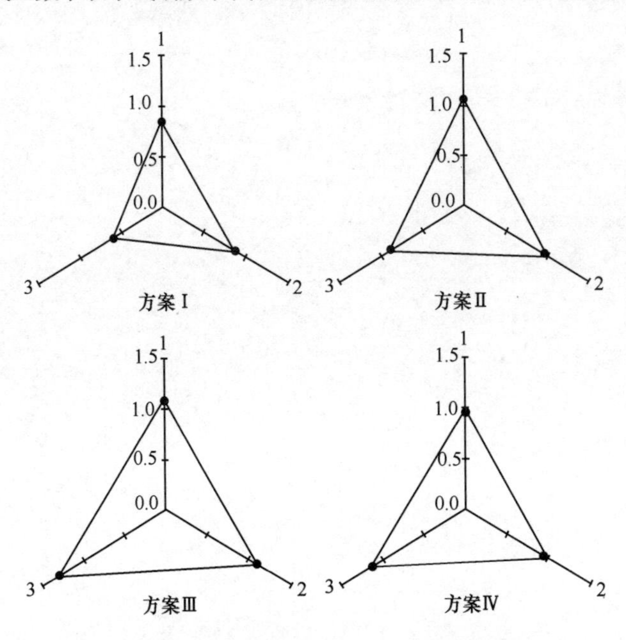

图 7-5　长春市交通系统不同规划方案的发展差异性

1—环境指标；2—资源投入指标；3—交通能力指标

由图 7-5 可知，发展均衡程度最好的是方案 IV，即采用基本方案+扩展方案+环保方案。而零替代方案则处于一种低发展度、高失衡发展状态。总体上看，规划实施后交通系统的发展均衡程度均优于原始状态。这也说明科学的交通规划方案可以有效地促进社会、经济、环境和交通结构的均衡、协调发展。

城市交通系统是一个复杂动态巨型系统，将交通环境承载力应用到交通规划影响评价中，可以在规划决策阶段就明确地将环境因素与交通网规模确定密切地结合在一起，体现了战略环境影响评价的要求，使规划可能产生的环境影响最小化。系统动力学仿真的应用能够定性、定量化模型中的指标参数，反映交通结构与社会经济发展、环境系统的动态联系，通过考虑技术手段的进步与管理水平的提高等因素，选择最优化的改进措施，促进城市交通规划的可持续发展。

第 8 章　城市化战略环境评价研究结论与展望

8.1　结　论

书中在对城市化 SEA 相关概念、方法和案例归纳总结的基础上，提出研究的理论和方法体系，并开展实例分析，取得的主要结论如下：

（1）通过归纳总结 SEA 国内外研究与实践进展，可以得出实施 SEA 是促进可持续发展和综合决策的有效途径。从 SEA 发展阶段及其标志、国内外研究经验的启示等方面阐释 SEA 内涵，并指出 SEA 发展趋势为 SEA 理论、方法学研究的深入，SEA 实践应用的时空扩展，SEA 国际交流与合作以及公共参与的加强。城市化 SEA 的研究应强调多学科方法的综合运用，深入城市复合系统，探索城市化战略对城市生态特征和演变规律产生的影响评价。

（2）完整的理论构架是开展城市化 SEA 研究的前提，书中构建了城市化 SEA 的理论体系，包括可持续发展理论、系统学理论、城市生命体理论、城市承载力理论、循环经济理论等，并强调各种理论的交叉与融合，体现重要思想与理论精华对 SEA 的全面指导作用。

（3）通过分析已有的 SEA 研究实例来说明综合技术方法在 SEA 各层次中的应用。建立了城市化 SEA 综合集成技术系统（SEA-ITS），由以 GIS 为核心的“3S”技术支持系统，环境专家系统（EES）和环境模型系统（EMS）子模块与城市化 SEA 体系工作程序相耦合构成，将城市系统的复杂性、开放性和不确定性定量、半定量化且直接纳入其中。城市化 SEA-ITS 结合了清单法、前后对比法、层次分析法、灰色系统方法、GIS 方法、系统动力学、数学模型等技术方法，并实现了子模型间的关联与数据共享，可以完成城市化 SEA 查询、分析识别、评价、预测、决策的系统功能。

（4）在理论体系的指导和技术方法的支持下，选取长春市作为案例，研究城市化战略环境评价。

① 在长春市城市化进程可持续发展能力评价中，确定的评价指标体系由经济、社会、人口、资源、环境、科教6个子系统构成，共有指标38个；并选用层次分析法进行评价。长春市的可持续发展系统发展总体能力是持续上升的，但协调度较差。1995—2000年期间长春市可持续发展能力年变化率为4.6%，2000—2005年上升到5.94%。其中经济系统可持续发展能力增长最快，10年间提高2.5倍，但存在产业结构不够合理、层次较低、产业相关性差等问题。社会、科教子系统可持续发展能力也有不同程序提高。长春市人口可持续能力指标是唯一呈现下降趋势的单项指标体系，主要是由于人口增长较快，人口结构比例失衡，出现老龄化，失业及城市贫困等问题，影响了相应的人口可持续发展能力。从总体上看，虽然资源与环境子系统综合评价值呈平稳趋势，但对未来的发展来说，压力较大，任务较重。

② 城市工业生态系统的协调发展依赖于社会、经济和环境子系统的合理结构、发展模式及对系统的有效调控。书中将系统动力学方法与灰色系统方法相结合，在建立多级评价指标体系的基础上，采用VENSIM仿真和灰色聚类对长春经济技术开发区工业生态系统规划进行模拟和评价。研究通过选取124个变量建立工业生态系统各子系统的反馈回路，设置包括无为方案在内的 4 种不同发展战略和调控参数，编辑数学规范模型对2005—2020年系统动态行为进行仿真。采用层次分析法和灰色聚类完成工业生态系统评价和最优发展战略确定。结果表明，方案四条件下工业生态系统生态效率高效，综合技术方法的应用有益于推动工业生态系统模拟、评价的定量研究和完善。

③ 分析了长春市城市空间扩展的主要情况及其五大动力机制，并以地理信息系统和景观分析方法为技术支持，对长春市土地利用规划环境影响进行识别和评价。近几年长春市城市用地快速增长，城市的整体重心不断向南迁移，用地扩张方向主要集中在西南和东南。由于社会经济的快速发展，土地利用空间变化为商业、工业用地大面积增加，而居住用地呈现比例下降。城市土地利用演变过程中均质性空间差异变大，主要由于城市演变过程中商业用地、公共绿地、公共设施等用地在城市中心集聚，而工业用地主要分布在城市边缘地区。此外，长春市快速发展的城市化进程，引起主要土地利用类型耕地、城乡、工矿和居民用地的破碎度不断增大，

草地面积下降。在此基础上，提出相应的土地利用规划的环境影响减缓与保障措施。

④ 城市交通系统是一个复杂动态巨型系统，将交通环境承载力应用到交通规划影响评价中，可以在规划决策阶段就明确地将环境因素与交通网规模确定密切地结合在一起，体现了战略环境影响评价的要求，使规划可能产生的环境影响最小化。系统动力学仿真的应用能够定性、定量化模型中的指标参数，反映交通结构与社会经济发展、环境系统的动态联系，并采用差异性函数对交通系统发展的协调度进行分析。通过考虑技术手段的进步与管理水平的提高等因素，选择最优化的改进措施，促进城市交通规划的可持续发展。

8.2 建　议

（1）书中设计的系统可以实现城市化 SEA-ITS 的基本功能，具有较强可操作性。依据我国快速城市化进程的发展现状，城市化 SEA-ITS 的建设应与可持续发展密切结合：一是促进城市化政策、法规的可持续发展适应性评价；二是完成对城市化可持续发展影响评价；三是实现城市化可持续发展监测评价。

（2）提高长春市城市化的综合水平，要培育城市产业集聚，促进产业结构调整，大力发展县市域经济，形成多元化的城市化推动力，并强调对结构调整、能源、资源、环境的调控，以资源持续利用和改善生态环境为根本，以培植可持续发展的能力为主导，改变传统的发展模式以及社会经济行为所造成的外部不经济性内部化。进一步在政策、法律、技术、行政等手段的调控下，经济和社会同人口、资源、生态环境之间保持和谐、高效优化有序地发展。

（3）城市工业系统应以废物减量化、再循环利用和废物资源化为指导原则进行工业生态系统规划，并进行物质、能量和公用工程系统集成、信息交换共享。在此基础上还必须要推行清洁生产、绿色制造和产品生命周期管理，并推进清洁的能源结构、资源集约型基础设施和环境友好产业，加强科技环保研发力度，更好地体现生态效益。

（4）在城市系统的各个发展阶段，应运用政策调控手段鼓励人们科学、合理利用土地，减少对生态的破坏，强调土地利用规划与环境目标的协调性，土地利用结构、布局与功能的生态环境合理性，进行土地利用规划影响的环境价值、规划的环境费用效益分析，并采取有效的环境影响减缓措施。

（5）进一步合理规划路网级配结构、优先发展公共交通、客运枢纽合理规划、建立大型停车场等。发展绿色的公共交通运输系统，最终建成以快速轨道交通为骨架，以常规干线公交为主力，以支线公交与出租汽车为有效补充的综合公交体系。建立智能交通系统，利用高新技术来改造现有道路运输系统及其管理体系，从而提高路网通行能力和服务水平，同时提高交通安全水平。并强调环保措施的执行，采用交通替代能源和清洁能源，控制道路交通噪声。此外，调整城市形态结构、产业布局和土地利用，优化和控制城市居民出行总量，进而实现综合交通系统的可持续发展。

8.3 不足和展望

（1）由于资料搜集的局限，本书仅从宏观角度对长春市城市化不同阶段的可持续发展能力进行了评估，今后应深入到各个评价子系统，详细地分析城市化所产生的各方面影响。

（2）在系统动力学仿真模型各子系统的建设过程中，主要选取了具有代表性的参数，但不够全面，对各参数间的内在联系也需要进一步研究。此外，有关替代方案的确定也需要深化完善。

（3）ETS 理论与技术体系正在不断完善与进步，ITS 在总体上呈现出网络化、开放性、虚拟现实、集成化和空间多维性等发展趋势。因此，对于城市化 SEA-ITS 系统集成技术的二次开发和系统功能的进一步完善还需要进行更深入地探讨和研究。

（4）深化地理信息系统等技术手段在土地利用规划环境影响评价与风险分析中的应用。

参 考 文 献

[1] 白乃彬. 计算机与环境科学[M]. 北京: 中国环境科学出版社, 2001.

[2] 白宇, 吴婧, 朱坦. 欧美城市交通规划战略环境评价的理论与实践[J]. 交通环保, 2004, 25(1): 40-43.

[3] 包存宽, 尚金城. 建立我国战略环境评价理论与方法体系[J]. 环境导报, 1999(5): 1-4.

[4] 包存宽, 尚金城. 战略环境评价理论研究与实践进展[J]. 环境导报, 1999(6): 1-5.

[5] 包存宽, 尚金城. 战略环境评价中战略筛选研究[J]. 环境与开发, 2000, 15(2): 31-33.

[6] 包存宽, 尚金城, 陆雍森. 战略环境评价指标体系建立及实证研究[J]. 上海环境科学, 2001, 20(3): 113-116.

[7] 包存宽, 陆雍森, 尚金城, 等. 规划环境影响评价方法及实例[M]. 北京: 科学出版社, 2004.

[8] 蔡玉梅, 等. 土地利用规划环境影响评价[J]. 地理科学进展, 2003, 22(6): 567-576.

[9] 曹升乐, 张云鹏, 宫崇楠, 等. 工业用水优化配置模型研究[J]. 水文, 2004, 24: 14-19.

[10] 曹勇宏. 论区域环境规划的综合集成方法[J]. 环境科学与技术, 2003, 26(1): 31-33.

[11] 陈易. 城市建设中的可持续发展理论[M]. 上海: 同济大学出版社, 2003.

[12] 车伍, 刘燕, 欧岚, 等. 城市雨水径流面污染负荷的计算模型[J]. 中国给水排水, 2004, 20: 13-16.

[13] 车秀珍, 尚金城, 陈冲. 城市化进程中的战略环境评价(SEA)初探[J]. 地理科学, 2001, 21(6): 554-557.

[14] 车秀珍, 尚金城. 城市化进程中战略环境评价的生态学理论基础[J]. 云南环境科学, 2001, 20 (3): 4-6.

[15] 陈定江, 李有润, 沈静珠, 等. 生态工业园区的 MINLP 模型[J]. 过程工程学报, 2002, 1: 14-24.

[16] 陈健飞，等译. 地理信息系统导论[M]. 北京: 科学出版社, 2003.
[17] 陈梦熊. 城市水资源的合理利用与可持续发展[J]. 地质通报, 2003, 22(8): 12-16.
[18] 陈述彭, 鲁学军, 周成虎. 地理信息系统导论[M]. 北京: 科学出版社, 1999.
[19] 陈艳艳, 刘小明，等. 市场调节与交通系统可持续发展[J]. 国外城市规划, 2001, 6: 44-45.
[20] 程吉宏, 王晶日. 区域环境影响评价中土地使用生态适宜性分析[J]. 环境保护科学, 2002, 28 (4): 52-54.
[21] 程驭宇, 暨仕臣, 侯文斌. 战略环境评价及其应用初探[J]. 云南环境科学, 2001, 20(1): 7-9, 19.
[22] 邓毛颖, 谢理, 等. 基于居民出行特征分析的广州市交通发展对策探讨[J]. 经济地理, 2000, 2: 109-114.
[23] 董德明, 赵文晋, 王宪恩，等. 战略环境评价若干问题研究[J]. 地理科学, 2002, 22(5): 615-618.
[24] 丰华丽, 王超, 李剑超. 河流生态与环境用水研究进展[J]. 河海大学学报, 2002, 30(3): 19-23.
[25] 葛琳, 杨海真. 两种管理科学方法在城市化 SEA 中的应用[J]. 江苏环境科技, 2003, 16(4): 31-32.
[26] 耿敏修. 试析城市规划和建设项目交通影响环境评估问题[J]. 城市规划汇刊, 2000, 6: 31-33.
[27] 顾朝林, 甄峰, 张京祥. 集聚与扩散——城市空间结构新论[M]. 南京: 东南大学出版社, 2000.
[28] 郭红连, 黄懿瑜, 马蔚纯. 战略环境评价(SEA)的指标体系研究[J]. 复旦学报(自然科学版), 2003, 42(3): 468-475.
[29] 郭怀成, 尚金城, 张天柱. 环境规划学[M]. 北京: 高等教育出版社, 2001.
[30] 郭培章. 中国城市可持续发展研究[M]. 北京: 经济科学出版社, 2004: 72-85.
[31] 郭秀成, 吕慎，等. 大城市快速轨道交通线网空间布局研究[J]. 城市发展研究, 2001, 1: 58-61.
[32] 海热提, 王文兴. 生态环境评价、规划与管理[M]. 北京: 中国环境科学出版社, 2004.
[33] 郝明家, 郭怀成, 等. 沈阳市浑南新区规划环境影响评价研究[J]. 环境保护科学, 2003, 29:42-45.
[34] 何品晶, 邵立明. 固体废物管理[M]. 北京: 高等教育出版社, 2004.

[35] 洪尚群，等. 不同政策组合的战略环境影响评价[J]. 环境保护科学, 2001, 27: 49-51.
[36] 胡晨燕, 徐斌, 施介宽，等. 我国现行大气环境影响评价预测模型的若干问题及其改进[J]. 环境保护科学, 2004, 30(122): 59-62.
[37] 胡明秀, 胡辉, 刘臻. 武汉市大气环境质量库兹涅茨特征分析[J]. 武汉工业学院学报, 24(1): 78-82.
[38] 胡秀莲, 姜克隽，等. 中国温室气体减排技术选择及对策评价[M]. 北京: 中国环境科学出版社, 2001.
[39] 黄光宇, 陈勇. 生态城市理论与规划设计方法[M]. 北京: 科学出版社, 2003.
[40] 黄一绥，林玉满. 城市战略环境评价和可持续性评价[J]. 福建地理, 2004, 3: 6-13.
[41] 吉正元, 靳澍清. 城市规划中的环境影响评价[J]. 云南环境科学(增刊), 2001, 20: 107-109.
[42] 贾克敬, 谢俊奇, 郑伟元, 蔡玉梅. 土地利用规划环境影响评价若干问题探讨[J]. 中国土地科学, 2003: 17(3): 15-20.
[43] 姜克隽, 胡秀莲, 等. 中国能源问题研究——中国与全球温室气体排放情景分析模型[M]. 北京: 中国环境科学出版社, 2002.
[44] 鞠美庭, 朱坦. 对我国规划环境影响评价中几个重要问题的思考[J]. 上海环境科学(增刊), 2003, 80-83.
[45] 赖力, 黄贤金, 张晓玲. 土地利用规划的战略环境影响评价, 中国土地科学[J]. 2003, 17(6): 56-60.
[46] 蓝盛芳, 钦佩, 陆宏芳. 生态经济系统能值分析[M]. 北京: 化学工业出版社, 2002.
[47] 李宏祥, 林卫青. 生态足迹方法在中国应用的案例初探[J]. 四川环境, 2005, 24(1): 7-9.
[48] 李明光. 规划环境影响评价的工作程序与评价内容框架研究[J]. 环境保护, 2003, 7: 31-34.
[49] 李明光, 陈新庚, 桑燕鸿. 战略环境评价的实践进展和问题讨论[J]. 上海环境科学, 2002, 21(6): 365-374.
[50] 李明光, 龚辉, 李志琴, 等. 开展规划环境影响评价的若干问题探讨[J]. 环境保护, 2003, (1): 34-36.
[51] 李明光, 陈新庚, 吴仁海. 战略环境评价在环境与发展综合决策中的作用[J].

上海环境科学, 2002, 21(5): 313-315.
[52] 李平, 李秀彬, 刘学军. 我国现阶段土地利用变化驱动力的宏观分析[J]. 地理研究, 2001, 20(2): 129-138.
[53] 李巍, 王华东, 王淑华. 政策环境影响评价与公众参与——国家有毒化学品立法 EIA 中的公众参与[J]. 环境导报, 1996, 4: 5-7.
[54] 李巍, 杨志峰.重大经济政策环境影响评价初探——中国汽车产业政策环境影响评价[J]. 中国环境科学, 2000, 20(2): 114-118.
[55] 李巍, 程红光, 等.西部大开发概要性战略环境评价大纲研究[J]. 环境科学与技术, 2002, 25(3): 35-37.
[56] 李巍, 王淑华, 王华东. 累积环境影响评价研究[J]. 环境科学进展, 1995, 3(6): 71-76.
[57] 李相然. 城市化环境效应与环境保护[M]. 北京: 中国建材工业出版社, 2004.
[58] 李秀彬. 土地利用变化的解释[J]. 地理科学进展, 2002, 21 (3): 195-203.
[59] 李旭祥. GIS 在环境科学与工程中的应用[M]. 北京: 电子工业出版社, 2003.
[60] 李宗华, 彭明军, 江丕文, 等. 基于GIS的交通影响评价信息系统研究[C]. 中国地理信息系统协会第五届年会论文集, 2002, 11: 133-138.
[61] 刘敬智, 王青, 顾晓薇, 等. 中国经济的直接物质投入与物质减量分析[J]. 资源科学, 2005, 27(1): 46-51.
[62] 刘丽萍. 改进城市地图道路识别率的研究[M]. 中国科学技术大学, 2004.
[63] 刘茂松, 张明娟. 景观生态学一原理与方法[M]. 北京: 化学工业出版社, 2004.
[64] 刘盛和. 城市土地利用扩展的空间模式与动力机制[J]. 地理科学进展, 2002, 21(1): 43-49.
[65] 刘思峰, 党耀国, 方志耕. 灰色系统理论及其应用[M]. 北京: 科学出版社, 2004.
[66] 刘岩, 张珞平, 洪华生. 以海岸带可持续发展为目标的战略环境评价[J]. 中国环境科学, 2001, 21(1): 45-48.
[67] 刘岩, 张珞平, 洪华生. 厦门岛东海岸区开发规划战略环境评价的基本原理与方法[J]. 厦门大学学报(自然科学版), 2002, 41(6): 786-789.
[68] 刘引鸽, 宋军林. 城市化对地表水质的影响研究—以宝鸡市为例[J]. 水文, 2005, 25(2): 20-23.
[69] 鲁成秀, 尚金城. 论生态工业园区建设的理论基础[J]. 农业与技术, 2003, 23(3): 17-22.

[70] 罗宏, 孟伟, 冉圣宏. 生态工业园区—理论与实证[M]. 北京: 化学工业出版社, 2004.
[71] 孟庆堂, 鞠美庭, 李洪远. 城市公共交通规划环境影响评价的替代方案分析[J]. 交通环保, 2004, 25(3): 21-23.
[72] 欧阳志云, 戈峰, 等. 现代生态学[M]. 北京: 科学出版社, 2002.
[73] 彭应登, 王华东.战略环境评价与项目环境影响评价[J]. 中国环境科学, 1995, 15 (6):452-455.
[74] 秦丽杰, 张郁, 许红梅. 土地利用变化的生态环境效应研究—以前郭县为例[J]. 地理科学, 2002, 22(4): 508-512.
[75] 秦耀辰, 张二勋, 刘道芳. 城市可持续发展的系统评价—以开封市为例[J]. 系统工程理论与实践, 2003(6): 1-9.
[76] 任志远, 张艳芳, 等. 土地利用变化与生态安全评价[M]. 北京: 科学出版社, 2003.
[77] 尚金城, 包存宽. 战略环境评价导论[M]. 北京: 科学出版社, 2003.
[78] 尚金城, 包存宽. 战略环境评价系统及工作程序[J]. 城市环境与城市生态, 2000, 13(3): 31-33.
[79] 尚金城, 张妍, 刘仁志. 战略环境评价的系统动力学方法研究[J]. 东北师大学报(自然科学版), 2001, 33(1): 84-89.
[80] 尚金城, 张妍. 战略环境评价的系统分析[J]. 云南环境科学, 2001, 20(Suppl.): 112-116.
[81] 史佩红, 王亚芝. 三维多箱模型预测大气环境质量[J]. 河北工业科技, 2004, 21(2): 5-7.
[82] 史培军, 宫鹏, 李晓兵. 土地利用/覆盖变化研究的方法与实践[M]. 北京:科学出版社, 2000
[83] 施卫红. 某地区给水管网微观动态水力模型的参数测定和校验[J]. 西南给排水, 2005, 27(1): 9-10.
[84] 宋来敏, 周国清. 区域可持续发展系统辩识模型研究[J]. 地理研究, 2004, 5: 90-92.
[85] 谈明洪, 李秀彬, 吕昌河. 我国城市用地扩张的驱动力分析[J]. 经济地理, 2003, 23(5): 635-638.
[86] 唐明义, 冯明光. 实用统计分析及其DPS数据处理系统[M]. 北京: 科学出版社, 2002.

[87] 唐燕, 施介宽. 战略环境评价研究[J]. 东华大学学报(自然科学版), 2001, 27(2): 133-136.
[88] 土地资源可持续利用[EB/OL]. http://tj.house.sina.com.cn, 2005-08-24.
[89] 王桂华, 周中平. 我国建设生态工业园区的对策与实践[J]. 前沿论坛，2002, 11: 45-47.
[90] 王灵梅, 张金屯. 生态学理论在发展生态工业园中的应用研究—以朔州生态工业园为实例[J]. 生态学杂志, 2004, 1: 20-27.
[91] 王丽萍, 赵毓仁, 周敏，等. 生态工业过程在发展矿区循环经济中的应用[J]. 中国资源综合利用, 2005, (1): 33-37.
[92] 王如松, 杨建新. 产业生态学[M]. 上海: 上海科技出版社, 2002.
[93] 王西琴, 刘昌明, 杨志峰. 生态及环境需水量研究进展与前瞻[J]. 水科学进展, 2002, 13(4): 507-514.
[94] 王玉梅, 尚金城. 中国开展战略环境评价中存在的问题及其对策[J]. 地理科学, 2004, 24(2): 222-226.
[95] 王兆华, 尹建华. 生态工业园中工业共生网络运作模式研究[J]. 中国软科学, 2005, 2: 53-62.
[96] 温琰茂, 柯雄侃, 王峰. 人地系统可持续发展评价体系与方法研究[J]. 地球科学进展, 1999, 2: 51-55.
[97] 吴彩莲, 查轩. 福建省土地利用/覆被变化对区域生态环境影响研究[J]. 水土保持通报, 2004, 4(1): 44-47.
[98] 邬建国. 景观生态学[M]. 北京:高等教育出版社, 2000.
[99] 吴莉娅. 中国城市化理论研究进展[J]. 城市规划汇刊, 2004, 4: 43-47.
[100] 吴琼, 李宏卿, 王如松. 长春市地下水污染及其调控[J]. 城市环境与城市生态, 2003, 6: 49-51.
[101] 吴伟, 陈功玉, 陈明义, 等. 生态工业系统的综合评价[J]. 科学学与科学技术管理, 2002, 1: 23-30.
[102] 吴晓青，洪尚群，等. 战略环境影响评价中的分析框架[J]. 重庆环境科学, 2001, 23(6): 1-4.
[103] 西宝，杨晓冬. 国际可持续建设最佳实践[J]. 建筑经济, 2003.3: 47-49.
[104] 肖笃宁，李秀珍，高峻等.景观生态学[M]. 北京:科学出版社, 2003.
[105] 肖敬斌，王京刚. MATLAB 在大气扩散模拟中的应用研究[J]. 环境工程, 2004, 22(3): 66-68.

[106] 肖杨, 王红瑞, 伍玉容. 公路工程对土地利用/土地覆被变化的驱动效应分析[J]. 交通环保, 2002, 23(1): 10-13.

[107] 谢跟踪. GIS 在区域生态环境信息系统研究中的应用[M]. 北京: 中国环境科学出版社, 2004.

[108] 邢廷炎. 新一代城市环境信息系统的设计与开发[J]. 计算机应用研究, 2002, 10: 55-56.

[109] 徐鹤, 朱坦, 等. 天津市污水资源化政策的战略环境评价[J]. 上海环境科学, 2003, 22(4): 26-30.

[110] 徐鹤, 朱坦, 戴树桂, 许凡. 战略环境评价(SEA)和可持续发展[J]. 城市环境与城市生态, 2001, 14(2): 36-38.

[111] 徐鹤, 朱坦, 贾纯荣.战略环境评价在中国的开展—区域环境评价[J]. 城市环境与城市生态, 2000, 13(3): 4-6.

[112] 徐鹤, 朱坦, 梁丹. 战略环境评价方法学研究[J]. 上海环境科学, 2001, 20(6): 295-296.

[113] 徐鹤, 等.城市总体规划的战略环境评价研究—以河北省丰南市黄各庄镇为例[J]. 中国人口·资源与环境, 2003, 13(2): 96-100.

[114] 徐凌, 陈冲, 尚金城. 大连市国际航运中心建设 SEA 的系统动力学研究[J]. 地理科学, 2006, 26(3).

[115] 许学强, 周一星, 宁越敏. 城市地理学[M]. 北京: 高等教育出版社, 1997.

[116] 颜文洪, 刘益民, 黄向, 等. 深圳城市系统代谢的变化与废物生成效应[J]. 城市问题, 2003, (1): 40-44.

[117] 闫志刚, 盛业华, 左金霞. 3S 技术及其在环境信息系统中的应用[J]. 测绘通报, 2001 年增刊: 17-20.

[118] 杨枫, 郑伟元, 贾克敬. 德国规划的环境影响评价方法和步骤[J]. 中国土地科学, 2003, 17(4): 58-64.

[119] 杨林, 舒麒麟, 罗礼秦. 西安曲江新区可持续发展的战略环境评价及环境规划[J]. 陕西环境, 2003, 10(5): 14-16.

[120] 杨迅, 蔡建霞, 魏艳. 小城镇生态工业发展研究[J]. 低于研究与开发, 2004, 4: 100-108.

[121] 杨志峰, 何孟常, 毛显强等. 城市生态可持续发展规划[M]. 北京: 科学出版社, 2004.

[122] 俞昊, 徐钧. 战略环境评价——环境影响评价的发展趋势[J]. 陕西环境, 2001,

8(2): 28-29.
[123] 于书霞, 尚金城, 郭怀成. 基于生态价值核算的土地利用政策环境评价[J]. 地理科学, 2004, 24 (6): 727-732.
[124] 袁丽丽, 黄绿筠. 城市土地空间结构演变及其驱动机制分析[J]. 城市发展研究, 2005, 12(1): 64-69.
[125] 曾磊, 宗勇, 鲁奇. 保定市城市用地扩展的时空演变分析[J]. 资源科学, 2004, 26(4): 96-102.
[126] 张坤民, 温宗国, 杜斌, 等. 生态城市评估与指标体系[M]. 北京: 化学工业出版社, 2003.
[127] 张文红, 陈森发. 生态工业系统——一个开放的复杂巨系统[J]. 系统仿真学报, 2004, 3: 52-60.
[128] 张宪平, 石涛. 我国目前城市化典型特点分析及对策研究[J]. 经济学动态, 2003, 4: 35-37.
[129] 张妍博士论文. 吉林省生态省建设规划的战略环境评价. 中国科学院东北地理与农业生态研究所.
[130] 张妍, 尚金城. 长春经济技术开发区环境风险预警系统[J]. 重庆环境科学, 2002, 24(4): 22-24.
[131] 张妍, 于相毅. 长春市产业结构环境影响的系统动力学优化模拟研究[J]. 经济地理, 2003, 9: 681-685.
[132] 张远, 杨志峰. 林地生态需水量计算方法与应用[J]. 应用生态学报, 2002, 13(12): 1566-1571.
[133] 张则强, 程文明, 吴晓，等. 面向生态工业和循环经济的绿色物流[J]. 起重运输机械, 2003, 9: 5-9.
[134] 赵凤琴, 汤洁, 李昭阳. 长春市大气中 NO_x 污染现状和机动车排放污染分担率研究[J]. 吉林大学学报(地球科学版), 2005, 3: 243-247.
[135] 郑江宁. 沈阳市浑南新区规划环境影响评价程序与方法[J]. 环境保护科学, 2004, 23: 58-60.
[136] 郑铣鑫, 应玉飞, 高昌明. 我国城市垃圾管理现状及其发展方向[J]. 中国人口资源与环境, 2000, 10: 141-142.
[137] 郑扬明. 开展公众参与环境影响评价活动的探讨[J]. 上海环境科学网络版, 2003, (7).
[138] 中国科学院可持续发展战略研究组. 2005 中国可持续发展战略报告[M]. 北京:

科学出版社, 2005.
[139] 中华人民共和国环境影响评价法. 1999 年起草, 2002 年通过.
[140] 周海瑛, 周嘉, 梁博. 生态城市可持续发展的战略环境评价[J]. 东北林业大学学报, 2004, 32(2): 99-102.
[141] 周嘉, 张妍. 战略环境评价(SEA)和可持续发展[J]. 北方环境, 2002, 3: 56-59.
[142] 朱莫明, 姚士谋, 李玉见. 我国城市化进程中的城市空间演化研究[J]. 地理学与国土研究, 2000, (2): 12-16.
[143] 朱琦, 徐富春, 尚屹. 中国环境信息系统的现状和展望[J]. 环境保护, 2004, 3: 47-50.
[144] 朱兴平, 曹荣林. 生态城市的数学模型建立[J]. 四川环境, 2004, 23(2): 59-63.
[145] 邹广宇, 王洪峰, 汪定伟, 等. 基于神经元网络模型的城市用水量预测[J]. 信息与控制, 2004, 33 (3): 13-16.
[146] Kondoh A, nishiyama J. Changes in hydrological cycle due to urbanization in the suburb of Tokyo metropolitan area, Japan [J]. Adv, Space Res. 2000, 7(26): 1173-1176.
[147] Alaya B A, Souissi A, Jamila T. Optimization of Nebhana reservoir water allocation by stochastic dynamic programming [J]. Water Resources Management, 2003, 17(4): 259-272.
[148] ANSEA Project. Towards an analytical strategic environmental assessment new concepts in strategic environmental assessment—towards better decision-making. ANSEA Project Dissemination Document, Working Paper 28.2002, Milano: FEEM; 2002.
[149] Aronica G, Cannarozzo M. Studying the hydrological response of urban catchments using a semi-distributed linear non-linear model [J]. Journal of Hydrology, 2000, 238(1): 35-44.
[150] Arnold Tukker. Life cycle assessment as a tool in environmental impact assessment [J]. Environmental Impact Assessment Review, 2000, 20 : 435-456.
[151] Portnova B A, Safriel U N. Combating deserti.cation in the Negev: dryland agriculture vs. dryland urbanization [J]. Journal of Arid Environments, 2004, 56: 659-680.
[152] Bao Cun-kuan, Lu Yong-sen, Shang Jin-cheng. Framework and operational procedure for implementing strategic environmental assessment in China [J].

Environmental Impact Assessment Review, 2004, 24: 27-46.
[153] Barry Dalal-Clayton, Barry Sadler. Strategic environmental assessment: a rapidly evolving approach. International institute for environment and development. Environmental Planning Issues, 1999, 18.
[154] Bicknell K B, Ball R J, Cullen R, et al. New methodology for the ecological footprint with an application to the New Zealand economy [J]. Ecological Economics, 1998, 27: 149-160.
[155] Bielsa J, Duarte R. An economic model for water allocation in North Eastern Spain [J]. International Journal of Water Resources Development, 2001, 17(3): 397-408.
[156] Bram F. Noble. The Canadian experience with SEA and sustainability [J]. Environmental Impact Assessment Review, 2002, 22: 3-16.
[157] Bram F. Noble. A state-of-practice survey of policy, plan, and program assessment in Canadian provinces [J]. Environmental Impact Assessment Review, 2004, 24: 351-361.
[158] Bram F. Noble. Strategic environmental assessment quality assurance: evaluating and improving the consistency of judgments in assessment panels [J]. Environmental Impact Assessment Review, 2004, 24: 3-25.
[159] Che Xiuzhen, Shang Jincheng, Wang Jinhu. Strategic Environmental Assessment and its development in China [J]. Environmental Impact Assessment Review, 2002, 22: 101-109.
[160] Weber C, Puissant A. Urbanization pressure and modeling of urban growth: example of the Tunis Metropolitan Area [J]. Remote Sensing of Environment, 2003, 86: 341-352.
[161] Eriksson O, Olofsson M, Ekvall T. How model-based systems analysis can be improved for waste management planning [J]. Waste Management & Research, 2003, 21: 488-500.
[162] Fischer T B. Strategic environmental assessment in postmodern times. Environmental impact assessment review [J]. 2003, 23:155-170.
[163] Goran Finnveden, Mans Nilsson, Jessica Johansson. Strategic environmental assessment methodologies—applications within the energy sector [J]. Environmental Impact Assessment Review, 2003, 23: 91-123.
[164] Guest Editorial. Urbanization by implosion [J]. Habitat International, 2004, 28: 1-12.

H. Hashiba, K. Kameda, T. Sugimura, K. Takasaki. Analysis of landuse change in periphery of Tokyo during last twenty years using the same seasonal landsat data [J]. Adv, Space Res. , 1998, 5 (22): 681-684.

[165] Habib M. Alshuwaikhat, Yusuf A. Aina. Sustainable cities: implementation of strategic environmental assessment in Saudi Arabian municipalities [J]. Journal of Environmental Planning and Management, 2004, 2(47): 303-311.

[166] Hardy C, Graedel T E. Industrial ecosystems as food webs. Journal of Industrial Ecology, 2002, 6: 29-38.

[167] Hauke von Seht. Requirements of a comprehensive strategic environmental assessment system [J]. Landscape and Urban Planning, 1999, 45: 1-14.

[168] Holger Dalkmann, Rodrigo Jiliberto Herrera, Daniel Bongardt. Analytical strategic environmental assessment (ANSEA) developing a new approach to SEA [J]. Environmental Impact Assessment Review, 2004, 24: 385-402.

[169] Huang G H, Baetz B W, Patry G G. Trash flow allocation: planning under uncertainty [J]. Interfaces, 1998, 28(6): 36-55.

[170] Huang G H, Wang X, Yu S. Land allocation based on integrated GIS-optimization modeling at a watershed level. Landscape and Urban Planning, 2004, 66: 61-74.

[171] James C. Davis, Vernon Henderson J. Evidence on the political economy of the urbanization process [J]. Journal of Urban Economics, 2003, 53: 98-125.

[172] Jenny Pope, David Annandale, Angus Morrison-Saunders. Conceptualizing sustainability assessment [J]. Environmental Impact Assessment Review, 2004, 24: 595-616.

[173] Kevin Honglin ZHANG, Shunfeng SONG. Rural-urban migration and urbanization in China: Evidence from time-series and cross-section analyses China Economic Review, 2003, 14: 386- 400.

[174] Lei Chi, Kiku G. Jones, Albert L. Lederer, Pengtao Li et al. Environmental assessment in strategic information system planning [J]. International journal of information management, 2005, 25:253-269.

[175] Lieselotte Feldmann, Marc Vanderhaegen, Charles Pirotte. The EU's SEA Directive: status and links to integration and sustainable development [J]. Environmental Impact Assessment Review, 2001, 21: 203-222.

[176] Lieselotte Feldmann. The European commission’s proposal for a strategic

environmental assessment directive: expanding the scope of environmental impact assessment in Europe [J]. Environmental Impact Assessment Review, 1998, 18: 3-14.

[177] Li Zhang, Simon Xiaobin Zhao. Reinterpretation of China's under-urbanization:a systemic perspective [J]. Habitat International, 2003, 27: 459-483.

[178] Marc Antrop. Landscape change and the urbanization process in Europe [J]. Landscape and Urban Planning, 2004, 67: 9-26.

[179] Marc Vanderhaegen, Eva Muro. Contribution of a European spatial data infrastructure to the effectiveness of EIA and SEA studies [J]. Environmental Impact Assessment Review, 2005, 25:123-142.

[180] Meine Pieter van Dijk, Zhang Mingshun. Sustainability indices as a tool for urban managers, evidence from four medium-sized Chinese cities [J]. Environmental Impact Assessment Review, 2005, 25: 667-688.

[181] Ming L L, Yeh S C, Yu Y H. Reconstruction and systemization of the methodologies for strategic environmental assessment in Taiwan [J]. Environmental Impact Assessment Review, 2006, 26: 170-184.

[182] Mikael Hilden, Eeva Furman, Minna Kaljonen. Views on planning and expectations of SEA: the case of transport planning [J]. Environmental Impact Assessment Review, 2004, 24: 519-536.

[183] Lioua M L, Yu Y H. Development and implementation of strategic environmental assessment in Taiwan [J]. Environmental Impact Assessment Review , 2004, 24: 337-350.

[184] Morrison G M. A life cycle assessment based procedure for development of environmental sustainability indicators for urban water systems [J]. Urban Water, 2002, 4(2): 145-152.

[185] Odum E P. Ecology [M]. Holt, Rinehart and Winston, New York, 1963.

[186] Pickett S T A, Burke I C, Dalton S E, et al. A conceptual framework for the study of human ecosystems in urban areas [J]. Urban Ecosystems, 1997, 1: 185-199.

[187] Potschin M B, Haines-Young R H. Improving the quality of environmental assessments using the concept of natural capital: A case study from southern Germany [J]. Landscape and Urban Planning, 2003, 63(2): 93-108.

[188] Ducrot R, Le Page C, Bommel P, M. Kuper. Articulating land and water dynamics with urbanization: an attempt to model natural resources management at the urban

edge [J]. Computers, Environment and Urban Systems, 2004, 28: 85-106.

[189] Risse N, Cmwley M, Vincke F, et al. Implementing the European SEA Directive: the member states' margin of discretion [J]. Environmental impact assessment review[J], 2003, 23:453-470.

[190] Rosa Arce, Natalia Gullon. The application of strategic environmental assessment to sustainability assessment of infrastructure development [J]. Environmental Impact Assessment Review, 2000, 20 : 393-402.

[191] Shelley Egoz. Israel's citrus grove landscape — an opportunity to balance urbanization with cultural values [J]. Landscape and Urban Planning, 1996, 36 : 183-196.

[192] Simon X B Zhao, Roger C.K. Chan, Kelvin T.O. Sit. Globalization and the dominance of large cities in contemporary China [J]. Cities, 2003, 4 (20): 265-278.

[193] S. Thompson, J. R. Treweek, D. J. Thurling. The potential application of strategic environmental assessment(sea) to the farming of Atlantic Salmon (Salmo salar L.) In Mainland Scotland [J]. Journal of Environmental Management , 1995, 45: 219-229.

[194] Suzana Dragicevic, Danielle J. Marceau. An application of fuzzy logic reasoning for GIS temporal modeling of dynamic processes [J]. Fuzzy Sets and Systems, 2000, 113: 69-80.

[195] Stinchcombe K, Gibsom R B. Strategic environmental as a means of pursuing sustainabilitY: ten advantages and challenges [J]. Journal of environmental assessment policy and management, 2001, 3(3):343-372.

[196] Thomas B. Fischer. Benefits arising from SEA application-a comparative review of north west England, Noord-Holland, and Brandenburg-Berlin [J]. Environmental Impact Assessment Review, 1999, 19: 143-173

[197] Thomas B. Fischer. Strategic environmental assessment in post-modern times [J]. Environmental Impact Assessment Review, 2003, 23: 155-170.

[198] Wackernagel M, Silverstein J. Big things first: focusing on the scale imperative with the ecological footprint [J]. Ecological Economics, 2000, 32: 391-394.

[199] Yan Wang, Richard K. Morgan, Mat Cashmore. Environmental impact assessment of projects in the People's Republic of China: new law, old problems [J]. Environmental Impact Assessment Review, 2003, 23: 543-579.

内容简介

城市化过程中面临着很多挑战，如城市人口迁移以及城市资源、能源、生态环境恶化等，这些问题正在逐步对城市可持续发展产生强烈的制约作用。政策、规划和计划所产生的影响具有宏观性、累积性、长期潜在性等特点，必须把环境影响评价的重点转移到环境影响的决策“源头”。因此，进行城市化战略环境评价是实施综合决策和科学规划的有效保证。本书从战略环境评价理论体系、技术方法及实证等方面进行探讨性研究，对长春市城市化相关政策、计划、规划进行环境影响评价，促进城市复合系统的可持续发展。

本书包括8章。第1章绪论，介绍战略环境影响评价及城市化问题；第2章介绍城市化战略环境评价的理论基础和技术方法；第3章是城市化战略环境评价综合集成技术系统；第4章是实例研究——城市化进程战略环境总体评价；第5章是城市工业生态系统发展战略环境评价；第6章是城市空间扩展与土地利用战略环境评价；第7章是城市交通发展的战略环境评价；第8章是城市化战略环境评价研究结论与展望。

本书可作为环境科学领域的科技工作者，各级政府决策部门的干部，规划编制与管理人员，环境影响评价执法、监督人员，以及高等学校相关专业的本科生、研究生和教师的参考书籍。